D 93

Diese Mitteilungen setzen eine von Erich Regener begründete Reihe fort, deren Hefte auf der vorletzten Seite genannt sind.

Das Max-Planck-Institut für Aeronomie vereinigt zwei Institute, das Institut für Stratosphärenphysik und das Institut für Ionosphärenphysik.

Ein **(S)** oder **(I)** beim Titel deutet an, aus welchem Institut die Arbeit stammt.

Anschrift der beiden Institute:

      3411 Lindau

DIE GEOPHYSIKALISCHEN EREIGNISSE

DES 12. BIS 14. NOVEMBER 1960

Nach Beiträgen von

JULIUS BARTELS
WALTER BECKER
ALFRED EHMERT
HARRY KOHL
GÜNTHER LANGE-HESSE
HANS-GEORG MÖLLER
GEORG PFOTZER
und
HEINRICH SCHWENTEK

zusammengestellt von

WALTER DIEMINGER

ISBN 978-3-540-02879-6   ISBN 978-3-662-11493-3 (eBook)
DOI 10.1007/978-3-662-11493-3

Inhaltsverzeichnis

1. Einleitung . . . . Seite 5
2. Solare Erscheinungen 6
3. Überblick über den Ablauf der Erscheinungen auf der Erde 11
4. Einzelbeobachtungen 12
   - 4.1. Erdmagnetismus 13
     - 4.1.1. Planetarische Kennziffern Kp 13
     - 4.1.2. Q-Indizes 14
     - 4.1.3. Normal empfindliche Magnetogramme 15
     - 4.1.4. Sturm-Registrierungen 17
     - 4.1.5. Pulsationen 17
   - 4.2. Ionosphäre 19
     - 4.2.1. Senkrechtlotungen in Lindau 19
     - 4.2.2. Gleichzeitige Senkrechtlotungen in Lindau, Ostenland u. Gedern . . . 32
     - 4.2.3. Mögel-Dellinger-Effekte 40
     - 4.2.4. Feldstärkeverlauf auf 2,61 MHz 46
     - 4.2.5. Fernübertragung Sodankylä - Lindau 48
   - 4.3. Polarlichtbeobchtungen 50
     - 4.3.1. UKW-Rückstrahlungen 50
     - 4.3.2. Korrelation mit Ionosphären-Senkrechtlotungen und Feldstärkemessungen 51
     - 4.3.3. Optische Polarlichtbeobachtungen 52
   - 4.4. Kosmische Strahlung 54
     - 4.4.1. Stationsdaten und Meßtechnisches 54
     - 4.4.2. Charakteristika der Intensitätsschwankungen am 12. November und ihre Deutung 56
     - 4.4.3. Der Eruptionseffekt vom 15.11.60 58
     - 4.4.4. Der Abklingvorgang 59
     - 4.4.5. Die Modulationen 60
     - Anhang zu 4.4. 69

Zusammenfassung 70

Literatur 71

1. Einleitung

In der Zeit vom 12. bis 14. November 1960 wurde ein erdmagnetischer Sturm beobachtet, der zu den stärksten bisher beobachteten gehört. Während dieses Sturmes wurden im Geophysikalischen Institut der Universität Göttingen und im Max-Planck-Institut für Aeronomie, Lindau/Harz, eine Reihe von bemerkenswerten Erscheinungen beobachtet, über die im folgenden berichtet werden soll. Um die Zusammenhänge besser überblicken zu können, werden außerdem einige Beobachtungen anderer Stellen mit herangezogen.

Im einzelnen wird berichtet über:

- Solare Erscheinungen (Beobachtungen anderer Sonnenobservatorien)
- Erdmagnetisches Feld (Geophysikalisches Institut Göttingen)
- Senkrechtlotungen der Ionosphäre (Institut für Ionosphären-Physik)
- Absorption der Ionosphäre (Institut für Ionosphären-Physik)
- Funkausbreitung (Institut für Ionosphären-Physik)
- Sichtbares Nordlicht (Deutscher Wetterdienst, Amateurbeobachtungen an Land und an Bord deutscher Schiffe)
- Nordlichtreflexionen auf m-Wellen (Amateurbeobachtungen)
- Kosmische Strahlung (Institut für Stratosphären-Physik)

Sämtliche Zeitangaben dieses Berichtes sind in Weltzeit (U.T.) gemacht.

2. Solare Erscheinungen

Die Ereignisse des November 1960 stehen zweifellos mit einem aktiven Gebiet in Zusammenhang, das in der Zeit vom 6. bis 18. November über die Sonnenscheibe wanderte. Der große zu diesem Gebiet gehörige Sonnenfleck bewegte sich in etwa 25° N heliographischer Breite und passierte in der Nacht vom 11. auf 12. November den Zentralmeridian der Sonne. In seiner Umgebung flammten eine ungewöhnlich große Zahl von Eruptionen auf, die sich teilweise durch sehr hohe Intensität und lange Dauer auszeichneten. Sie sind in Tabelle I auf Grund der Sonnenkarten des Fraunhofer-Institutes [1] und der Veröffentlichungen des National Bureau of Standards [2] zusammengestellt. Eruptionen mit der Importanz 1- sind nicht aufgeführt.

Es sind insgesamt 112 Eruptionen, davon

    2 mit der Importanz 3+
    5 mit der Importanz 3
    3 mit der Importanz 2+
  11 mit der Importanz 2

11 dieser Eruptionen konnten Mögel-Dellinger-Effekte zugeordnet werden. Sie sind in der Tabelle unterstrichen, die Stärke des MDE ist in der letzten Spalte beigefügt.

Ein weiteres aktives Gebiet überquerte vom 11. bis 24. November die Sonnenscheibe. Die zugehörige Fleckengruppe in ca. 20° N heliogr. Breite passierte zwischen dem 17. und 18. November den Zentralmeridian der Sonne. Dieses Gebiet war viel weniger aktiv als das erste. Insgesamt wurden in ihm rund 20 Eruptionen beobachtet, deren Intensität jedoch in keinem Fall die Importanz 1+ überstieg.

Wahrscheinlich müssen daher die beobachteten terrestrischen Effekte dem Gebiet um den Fleck in 28° N zugeordnet werden.

Tabelle I

Tag	Dauer	Position	Importanz	MDE
4. 11. 1960	2332 – 2348	N 23 E 90	1	
5. 11.	0002 – 0020	N 23 E 90	1	
5. 11.	0805 – 0836	N 22 E 90	1	
5. 11.	1232 – 1303	N 22 E 88	1	
5. 11.	2004 – 2032	N 23 E 80	2+	
6. 11.	0002 – 0014	N 24 E 80	1+	
6. 11.	0004 – 0012	N 25 E 78	2	
6. 11.	0223 – 0250	N 25 E 80	1+	1
6. 11.	0523 – 0534	N 25 E 79	1+	
6. 11.	0702 – 0907	N 25 E 79	1	
6. 11.	1100 – 1113	N 26 E 72	1	
7. 11.	0815 – 0830	N 21 E 60	1	
8. 11.	0754 – 0821	N 23 E 44	1	
8. 11.	1429 – 1500	N 29 E 49	1	1
9. 11.	0747 – 0855	N 23 E 20	1	
9. 11.	0752 – 0818	N 25 E 24	1+	
9. 11.	0931 – 0938	N 26 E 41	1	
9. 11.	0956 – 1008	N 23 E 31	1	
9. 11.	1430 – 1502	N 26 E 32	2	
10. 11.	0656 – 0907	N 26 E 28	1	
10. 11.	0745 – 0858	N 27 E 37	1+	
10. 11.	1009 – 1307	N 28 E 28	3	2
10. 11.	1321 – 1330	N 27 E 21	1	
10. 11.	1333 – 1635	N 28 E 28	1	
10. 11	2145 – 2230	N 27 E 19	1	
11. 11.	0044 – 0135	N 22 E 13	1+	1+
11. 11.	0305 – 0428	N 29 E 12	2+	3+
11. 11.	0711 – 0818	N 32 E 18	1+	
11. 11.	0745 – 0818	N 27 E 15	1	
11. 11.	1011 – 1052	N 32 E 16	1	
11. 11.	1142 – 1155	N 27 E 14	1	
11. 11.	1203 – 1222	N 25 E 09	1	
11. 11.	1510 – 1558	N 30 E 14	1	
12. 11.	0735 – 0748	N 28 E 02	1	
12. 11.	0807 – 0821	N 28 E 02	1	
12. 11.	0925 – 0938	N 32 W 03	1	
12. 11.	0954 – 1025	N 27 W 00	1+	
12. 11.	1315 – 1922	N 26 W 01	3+	3+

Tabelle 1 (Fortsetzung)

Tag	Dauer	Position	Importanz	MDE
13. 11. 1960	0000 - 0052	N 27 W 20	2	
13. 11.	0728 - 0746	N 29 W 09	1	
13. 11.	0818 - 0828	N 29 W 09	1	
13. 11.	0837 - 0908	N 28 W 12	1	
13. 11.	1054 - 1122	N 30 W 10	1	
13. 11.	1335 - 1348	N 29 W 05	1	
13. 11.	1514 - 1535	N 30 W 18	1	
13. 11.	1758 - 1850	N 27 W 16	1	
13. 11.	1852 - 1930	N 27 W 16	1	
14. 11.	0015 - 0100	N 31 W 14	2	2-
14. 11.	0203 - 0235	N 25 W 26	1	
14. 11.	0246 - 0520	N 27 W 19	2+	3
14. 11.	0310 - 0515	N 27 W 22	2	
14. 11.	0800 - 0900	N 28 W 27	2	
14. 11.	0954 - 1005	N 28 W 26	1	
14. 11.	1155 - 1210	N 28 W 25	1	
14. 11.	1429 - 1456	N 27 W 26	1	
14. 11.	1554 - 1645	N 28 W 29	1	2
14. 11.	1605 - 1632	N 26 W 30	1	
14. 11.	2114 - 2154	N 39 W 24	2	
14. 11.	2130 - 2147	N 33 W 28	1	
14. 11.	2255 - 2320	N 27 W 34	1	
14. 11.	2300 - 2331	N 28 W 32	1	
14. 11.	2352 - 0028	N 26 W 32	1	
15. 11.	0207 - 0427	N 26 W 33	3+	3+
15. 11.	0240 - 0248	N 25 W 37	2	
15. 11.	0624 - 0705	N 30 W 32	1+	
15. 11.	0624 - 0758	N 22 W 48	1	
15. 11.	0658 - 0750	N 22 W 39	1	
15. 11.	0701 - 0739	N 22 W 44	1	
15. 11.	0703 - 0750	N 28 W 30	1	
15. 11.	0740 - 0803	N 28 W 42	1	
15. 11.	0746 - 0802	N 27 W 40	1	
15. 11.	1231 - 1306	N 28 W 40	1+	
16. 11.	0145 - 0205	N 26 E 46	1	1
16. 11.	0631 - 0652	N 28 W 51	1	
16. 11.	0808 - 0822	N 25 W 88	1	
16. 11.	0833 - 0856	N 25 W 88	1	

Tabelle 1   (Schluß)

Tag	Dauer	Position	Importanz	MDE
16. 11. 1960	1128 - 1147	N 29 W 48	1	
16. 11.	1635 - 1650	N 23 W 90	1	
16. 11.	1724 - 1750	N 23 W 90	1	
16. 11.	1924 - 1944	N 34 W 90	1	
16. 11.	2012 - 2022	N 25 W 90	1	
16. 11.	2050 - 2105	N 25 W 90	1	
17. 11.	1152 - 1205	N 26 W 76	1	
17. 11.	1754 - 1806	N 25 W 75	1	
17. 11.	2045 - 2105	N 27 W 74	2	
17. 11.	2126 - 2150	N 23 W 90	3	
17. 11.	2130 - 2228	N 22 W 76	1	
18. 11.	0222 - 0225	N 29 W 75	1	
18. 11.	0412 - 0427	N 27 W 78	1	
18. 11.	0504 - 0515	N 27 W 78	1	
18. 11.	0639 - 0650	N 28 W 80	1	
18. 11.	0659 - 0734	N 28 W 80	1	
18. 11.	0733 - 0746	N 28 W 75	1+	
18. 11.	0940 - 1014	N 28 W 79	1	
18. 11.	0947 - 1013	N 28 W 80	1	
18. 11.	1041 - 1343	N 25 W 90	1	
18. 11.	1346 - 1400	N 28 W 78	1	
18. 11.	1710 - 1750	N 27 W 80	1	
18. 11.	1810 - 1850	N 23 W 90	1	
18. 11.	1907 - 1952	N 27 W 80	1	
18. 11.	2005 - 2025	N 27 W 80	1	
18. 11.	2150 - 2216	N 27 W 80	1	
19. 11.	1001 - 1353	N 22 W 90	3	
19. 11.	1057 - 1117	N 28 W 90	1	
19. 11.	1522 - 1540	N 26 W 90	2	
19. 11.	1543 - 1649	N 28 W 90	2	
19. 11.	1657 - 1718	N 27 W 90	1	
19. 11.	1749 - 1805	N 28 W 90	1	
19. 11.	2026 - 2053	N 28 W 90	1	
19. 11.	2149 - 2158	N 28 W 90	1	
20. 11.	1955 - 2032	N 25 W 90	3	
20. 11.	2117 - 2257	N 28 W 90	3	

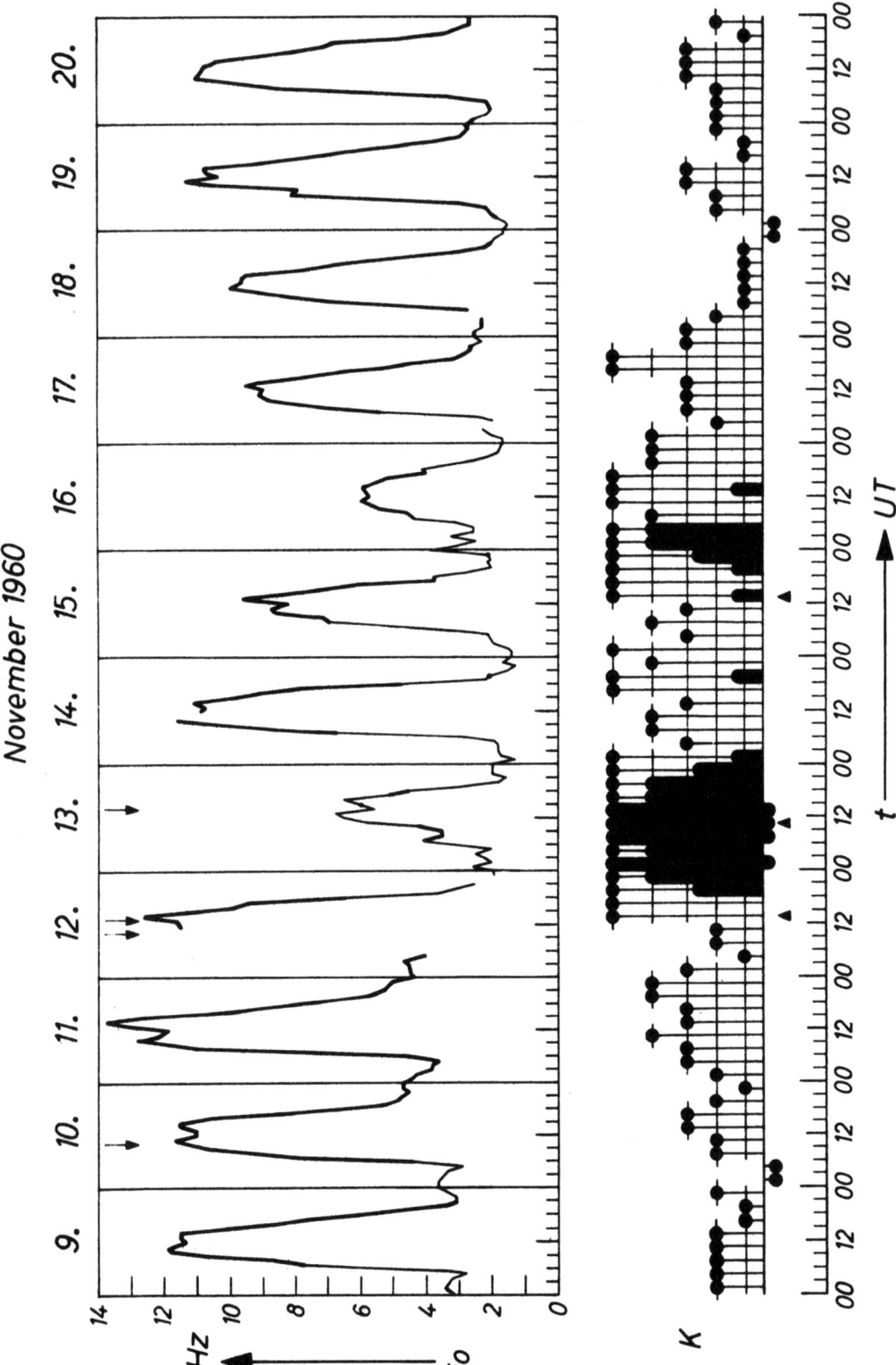

Abb. 1: Kritische Frequenz der F-Schicht (oben) und Wingster erdmagnetische Kennziffern (unten) vom 9. bis 20. Nov. 1960. Die Kurve der krit. Frequenz ist dick ausgezogen, soweit genaue Messungen möglich waren. Bei den dünnen ausgezogenen Kurventeilen verhinderte starke Streuung exakte Messungen. Mögel-Dellinger-Effekte sind durch senkrechte Pfeile am oberen Rand, s.s.c.'s durch schwarze Dreiecke über der Zeitskala markiert.

3. Überblick über den Ablauf der Erscheinungen auf der Erde

Die Störungen auf der Erde, die hier beschrieben werden sollen, begannen (Abb. 1) am 10. November mit einem MDE, der um 10.18 h gleichzeitig auf Kurzwelle als fade out und auf Langwelle als Zunahme der atmosphärischen Störungen beobachtet wurde [3]. Er ist zweifellos der Eruption (Importanz 3) des gleichen Tages von 10.09 - 13.07 h zuzuordnen. Am folgenden Tag, dem 11. November, lag die Grenzfrequenz der F2-Schicht in den Mittagsstunden bis zu 2 MHz höher als in den vorhergehenden Tagen. Zwei Langwelleneffekte am 11. November um 10.10 und 11.42 h können wahrscheinlich den Eruptionen um 10.12 und 11.42 h zugeordnet werden. Das erdmagnetische Feld war an diesen beiden Tagen ziemlich ruhig ($K \leqq 4$). Am 12. November wurden zwei MDE auf Kurzwelle (10.07 und 13.25 h) und Langwelle (10.07 und 13.20 h) beobachtet. Diese Effekte können den Eruptionen um 10.12 und 13.25 h zugeordnet werden. Die zweite Eruption war auch von einem s.f.e. im erdmagnetischen Feld begleitet. Der magnetische Sturm begann am 12. November unmittelbar nach dem zweiten MDE mit einem s.s.c. um 13.48 h. Die Hauptphase setzte gegen 17.30 h ein. Am folgenden Tag erreichte der magnetische Sturm seine volle Stärke ($K = 9$) (Abb. 1). Mitten hinein fiel um 10.21 h ein weiterer s.s.c. von ungewöhnlicher Stärke. Am 14. November klang der Sturm erstaunlich schnell ab; nach einem weiteren s.s.c. am 15. November um 13.04 h stieg die Unruhe noch einmal an und erreichte in den frühen Morgenstunden des 16. November beträchtliche Werte ($K = 8$). Dann trat im Laufe des 16. und 17. November rasche Beruhigung ein.

In der Ionosphäre über Lindau machte sich die Störung erstmalig am 12. November zwischen 17.45 und 18.00 h bemerkbar und nahm dann rasch an Stärke zu. Am folgenden Tag war in den Mittagsstunden die kritische Frequenz der F2-Schicht (Abb. 1) nur halb so hoch wie an den vorausgehenden ruhigen Tagen. Außerdem war der Schichtaufbau sehr stark gestört. Der folgende 14. November war relativ ungestört. Am 15. und noch mehr am 16. November war die Grenzfrequenz der F2-Schicht wieder beträchtlich vermindert. Dann trat Beruhigung ein.

Sichtbares Nordlicht wurde über Deutschland am 12. November von 17.45 bis 22.45 h beobachtet. Anschließend war in Norddeutschland wegen Schichtbewölkung keine Beobachtung mehr möglich, in West- und Süddeutschland schon ein bis zwei Stunden vorher.

Im Nordatlantik wurde in polaren Breiten (geomagnetische Breite $\Phi \approx 63° - 72°$) von deutschen Schiffen Nordlicht am 12./13. November von 15.00 (Polarnacht!) bis 07.40 h beobachtet und in mittleren Breiten ($\Phi \approx 39° - 54°$) von 21.30 bis 08.30 h. Ein deutlicher Höhepunkt des sichtbaren Nordlichtes lag sowohl im östlichen wie westlichen Teil des Nordatlantiks etwa zwischen 00.20 und 01.00 h.

Nordlichtreflexionen auf m-Wellen traten in Deutschland am 12./13. November hauptsächlich von 18.00 - 19.00 h, 21.30 - 22.45 h, 00.48 - 01.09 h, 10.16 - 11.25 h und 15.01 - 16.08 h auf.

Die kosmische Strahlung wies in Lindau am 12. November ab 14.00 h einen raschen Anstieg der Neutronenzahl durch solare Strahlung um 10 % auf, dem ab 18.00 h mit der Hauptphase des magnetischen Sturmes beginnend ein weiterer Anstieg auf 40 % über dem Normalwert folgte. Die Rückkehr zum Normalwert erfolgte in gleichmäßigem Abfall mit überlagerten Wellen von etwa 90 Minuten Periodendauer bis zum Vormittag des 13. November. Am 15. November setzte um 02.35 h ein neuer Anstieg ein, der nach einer Stunde mit 19 % ein Maximum erreichte und dann wieder absank. Die Energie der Strahlung war in beiden Fällen zu gering, als daß sie sich auch in den Mesonen bemerkbar gemacht hätte. Mit dem magnetischen Sturm war ein Forbusheffekt der Neutronenzahl aus der galaktischen Strahlung von 9 % verbunden.

Wegen der großen Zahl der Eruptionen ist eine zeitliche Zuordnung der verschiedenen Effekte nach dem Schema

```
Sonne      Eruption
              │
Erde        MDE    →   s.s.c.-Sturm
(Δ t)     (8 min)     (20 - 40 h)
```

schwierig. Geht man davon aus, daß die Wahrscheinlichkeit für eine korpuskulare Wirkung auf der Erde mit der Stärke der Eruptionen zunimmt, so bietet sich die Zuordnung an, die in Tabelle II wiedergegeben ist.

Tabelle II

	Flare		MDE	s.s.c.	Magn. Sturm	Laufzeit S-E
10. Nov.	10.09 - 13.07 h N 28 E 28	3	S-SWF	[12. Nov. 13.48 h	12./13. Nov.	52 h] ?
11. Nov.	03.05 - 04.28 h N 29 E 12	2+	S-SWF	12. Nov. 13.48 h	12./13. Nov.	34 h
12. Nov.	13.15 - 19.22 h N 26 W 01	3+	S-SWF	13. Nov. 10.21 h	13./14. Nov.	21 h
14. Nov.	02.46 - 05.20 h N 27 W 19	2+	S-SWF	15. Nov. 13.04 h	15./16. Nov.	34 h

Die in der ersten Zeile in Klammern gegebene Zuordnung des Sturmes vom 12./13. November zu der Eruption am 10. November um 10.09 h erscheint wegen der langen Laufzeit von 52 h weniger wahrscheinlich als diejenige in der zweiten Zeile.

Für die Zuordnung spricht auch, daß bei den aufgeführten Eruptionen vom 11., 12. und 14. Ausbrüche von solarer Radiostrahlung vom Typ IV beobachtet wurden.

4. Einzelbeobachtungen

In den folgenden Abschnitten sollen die Beobachtungen in den verschiedenen Disziplinen für die Periode vom 12. bis 14. November durch charakteristische Registrierungen erläutert und näher besprochen werden.

4.1. Erdmagnetismus (J. BARTELS)

4.1.1. Planetarische Kennziffern Kp

Der magnetische Sturm vom 12. bis 14. November 1960 war von seltener Intensität. Dies geht schon aus den planetarischen Kennziffern Kp hervor, die hier, zusammen mit den äquivalenten dreistündlichen Amplituden ap (siehe [4], [5]) in Abb. 2 wiedergegeben sind.

Die mit der höchsten Kennziffer Kp = 9o gekennzeichneten Intervalle Nov. 13 d 06 - 12 h waren überall auf der Erde intensiv gestört: Von den 12 Observatorien, die ihre Kennziffern für die Ableitung von Kp zur Verfügung stellen, gaben jeweils 11 K = 9 ; die Ausnahmen waren für 06 - 09 Amberley (K = 8) und für 09 - 12 Eskdalemuir (K = 7). Über extreme Störungen an kanadischen Observatorien berichtet NIBLETT [6].

Für die europäischen Observatorien fiel die Zeit der stärksten Intensität in den Vormittag, der sonst stets am schwächsten gestört ist. Einen Begriff für die Stärke dieses wohlbekannten "täglichen Ganges der erdmagnetischen Aktivität" geben die Tabellen für die Standardisierung der lokalen Kennziffern K auf die standardisierten Kennziffern Ks für das Observatorium Wingst [4]: In den Wintermonaten wird aus K = 5, für 06 - 09, Ks = 7-, aber für 18 - 21 h Ks = 5-, also ein Unterschied zwischen Vor- und Nachmittag von vollen 2 Einheiten von Ks, entsprechend einem Verhältnis der äquivalenten standardisierten Amplituden as vom Intervall 06 - 09 zum Intervall 18 - 21 von 111/39 = 2.8. Umso auffälliger ist es, wenn in diese schwächst gestörte Tageszeit ein besonders intensiver Sturm fällt. In dieser Beziehung erinnert der Sturm vom 12. bis 14. November an den berühmten Sturm 1938 April 16 [7].

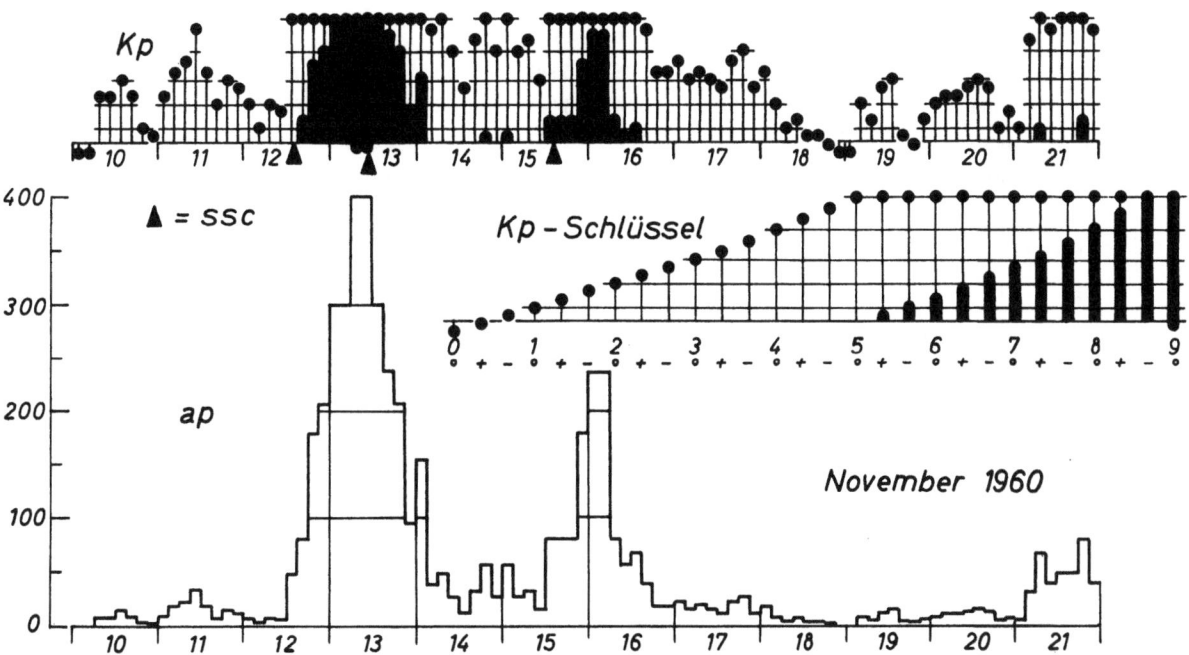

Abb. 2: Planetarische erdmagnetische Kennziffern Kp und äquivalente Amplituden ap, in der Einheit 2γ, für 1960 November 10 - 21.

4. 1. 2. Q-Indizes

Eine weitergehende Unterteilung der Zeit als Kp geben die Q-Indizes, die für polare Observatorien eingeführt worden sind [5], [8]. Dabei erinnert das Symbol Q daran, daß die Indizes für viertelstündliche (quarter-hourly) Intervalle gelten, die jeweils auf die volle Stunde Weltzeit (00 min) und 15 min, 30 min und 45 min danach zentriert sind. Gemessen werden die Q-Indizes für alle polaren Observatorien mit einer einheitlichen quasi-logarithmischen Skala, ausgehend von der Abweichung Δ vom normalen ruhigen Verlauf in der stärker gestörten der beiden Horizontalkomponenten (z.B.: D und H, oder X und Y).

Es ist

Q =   0   1   2   3   4   5   6   7   8   9   10   11
                                                  T   E

falls die Abweichung Δ in den folgenden Grenzen liegt

Δ =   0......10.....20.....40.....80.....140....240....400....660...1000...1500...2200...γ

Dabei werden in den Tabellen die Stufen Q = 10 und 11 durch die Symbole T (= ten) und E (= eleven) angedeutet.

Für die November-Stürme folgen die Q-Indizes November 12 - 16 für das finnische Observatorium Sodankylä (in geomagn. Breite $63°.8$), jeweils in Gruppen von je 4 Ziffern, wobei die erste z.B. für die Zeit 23 h 52 min 30 sec bis 00 h 07 min 30 sec Weltzeit gilt.

1960 Nov. Weltzeit

	00	01	02	03	04	05	06	07	08	09	10	11
12.	2110	0000	0000	0000	0000	0000	1111	1001	1002	1100	1111	1000
13.	6777	9888	8888	8789	TT99	9999	5686	8888	7767	7788	99TT	T866
14.	9887	8886	7665	3444	3245	5644	3444	4343	2322	2344	3433	2423
15.	6665	5445	5545	4233	2113	3222	4431	2223	3223	2323	3113	3332
16.	9988	8889	9675	9989	8777	4454	4444	3333	4444	5454	3555	5544

Weltzeit

	12	13	14	15	16	17	18	19	20	21	22	23
12.	1011	1114	4434	4444	4445	5666	6778	7656	5657	7667	8888	7766
13.	7898	8666	6789	6578	8776	6555	68TT	TT87	7755	6878	7888	8789
14.	2222	3223	3333	3233	2442	3254	5544	5787	6557	6655	6545	5566
15.	3344	6558	7677	6767	6657	5776	4347	7776	6677	7776	9999	9999
16.	4636	7766	5555	6665	4333	4333	2222	4455	6555	5554	3323	3556

Am 13. November wurde in 9 Viertelstunden die seltene Intensität Q = T = 10 (viertelstündliche Abweichung zwischen 1500 und 2200 γ) erreicht. Dabei sind am auffälligsten die drei aufeinanderfolgenden Viertelstunden 10.30 bis 11.15 h (nach dem zweiten Sturmbeginn um 10.21 h, siehe Abschnitt 4), weil es sonst, entsprechend dem normalen täglichen Gang der erdmagnetischen Aktivität in Sodankylä, zu diesen Zeiten im allgemeinen wenig gestört ist. Die Q-Ziffern geben einen Eindruck

von der feineren zeitlichen Struktur der erdmagnetischen Aktivität. Beim Vergleich mit den Kp in Abb. 2 ist zu beachten, daß die Kp für die ganze Erde gelten sollen, daß also in ihnen kein systematischer Einfluß der Tageszeit mehr steckt, während natürlich in Q für Sodankylä die größere Häufigkeit der stärkeren Störungsgrade in den Abend- und Nachtstunden zum Ausdruck kommt.

4. 1. 3. Normal empfindliche Magnetogramme

Abb. 3 bringt die normal empfindlichen Magnetogramme (Hauptregistrierung) von Göttingen für die Zeit 1960 Nov. 12 d 07 h bis 15 d 07 h mit den Kp-Indizes. Abb. 4 bringt die (unempfindlichen) Registrierungen der Göttinger Sturm-Variometer für die Zeit 1960 Nov. 12 d 13 h bis 14 d 07 h. Das normale Magnetogramm (Abb. 3) kann zu den gestörtesten Zeiten nur mühsam, durch Vergleich mit dem Sturm-Magnetogramm, entziffert werden. Es bringt aber einige wichtige Einzelheiten: Der anfängliche plötzliche Sturmbeginn s.s.c. Nov. 12 d 13 h 48 m ist ganz deutlich (Abb. 5 zeigt den Sturmanfang in größerem Maßstab), jedoch bleibt das Magnetogramm noch wenig gestört während der anschließenden 3 bis 4 Stunden.

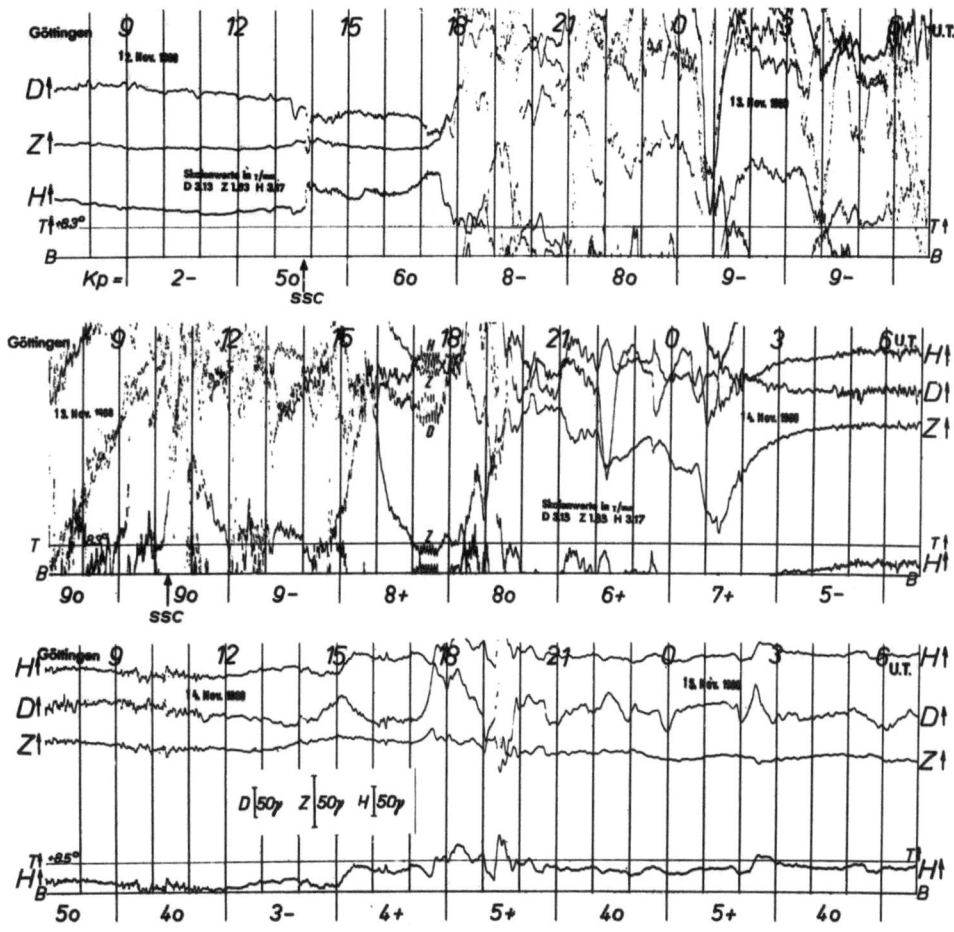

Abb. 3: Göttinger Hauptregistrierung mit normaler Empfindlichkeit. Komponenten D positiv nach Osten, H nach Norden, Z nach unten. T = Temperatur, B = Basis. Auf dem Original ist eine Stunde = 20 mm. Die Skalenwerte sind angegeben; der Abstand vom unteren zum oberen Rand der Magnetogramm-Blätter entspricht etwa 400 γ in D und H, 300 γ in Z.

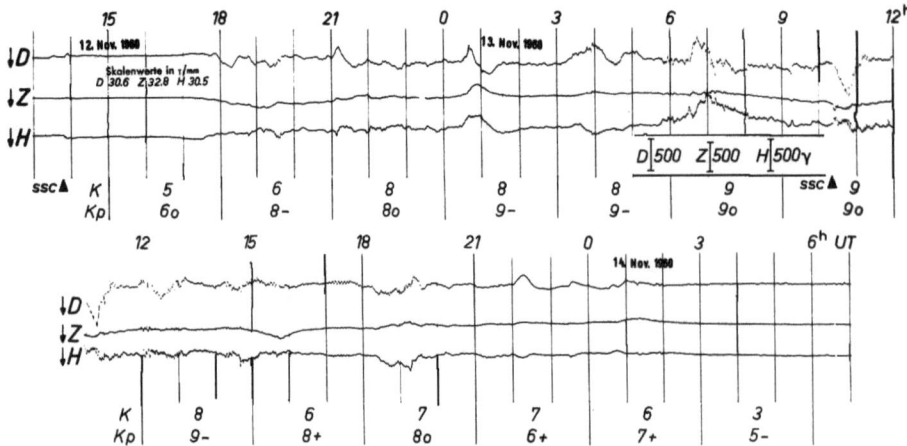

Abb. 4: Göttinger Sturm-Magnetogramme. Die positive Richtung der Komponenten ist derjenigen in Abb. 3 entgegengesetzt.

Es ist erwähnenswert (wenn auch nicht ungewöhnlich), daß das H-Niveau um etwa 20 γ nach dem s.s.c. gehoben ist, während D (positiv nach Osten gerechnet) gesenkt ist, was zusammen ein zusätzliches horizontales Feld in Richtung auf NNW andeutet, also in der Ebene durch die erdmagnetische Achse. Dies ist entgegengesetzt zur gewöhnlichen Richtung der Nachstörung. Die dem Sturm folgende Nachstörung, der Ringstromeffekt, der H erniedrigt, ist deutlich am Morgen des 14. November zu sehen, in der Erholungsphase, die etwa um 01.30 h beginnt: während nämlich im Laufe des Sturmes der Reserve-Lichtpunkt des H-Variometers zeitweise von oben in das Magnetogramm eingetreten war, erscheint jetzt der Haupt-Lichtpunkt wieder von unten am unteren Rande des Magnetogramms, etwa 80 γ niedriger als vor Ausbruch des Sturmes, zu Beginn der Reproduktion in Abb. 3. Das parallele Abklingen des Ringstrom-Effektes (Erholungs-Phase) in den drei Komponenten H, D und Z von etwa 01.30 h bis etwa 06 h am 14. November ist eindrucksvoll; offenbar lassen in diesen Stunden die Einbrüche von Sonnengas zeitweise nach, so daß die Abnahme des Ringstrom-Effektes klar zum Ausdruck kommt.

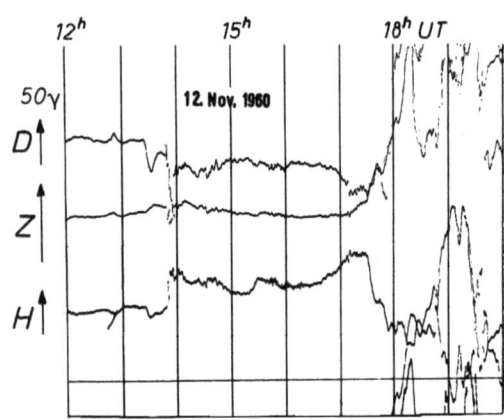

Abb. 5: Vergrößerter Ausschnitt aus der Hauptregistrierung, 1960 November 12, 12 bis 20 h Weltzeit: Solar flare effect und s.s.c. 13 h 48 m.

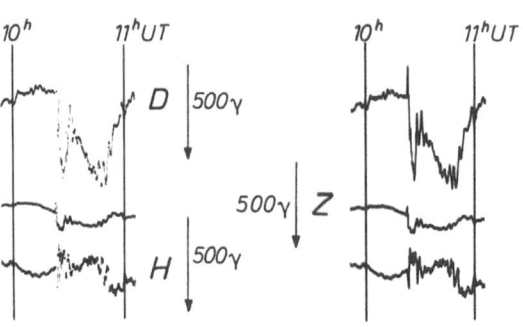

Abb. 6: Vergrößerter Ausschnitt aus der Sturm-Registrierung, 1960 November 13, 10 bis 11 h Weltzeit: Plötzlicher Sturmausbruch s.s.c. 10 h 21 m. Links Kopie der photographischen Registrierung, rechts Nachzeichnung.

4.1.4. Sturm-Registrierungen

Abb. 4 belegt wieder einmal deutlich den Wert von Sturm-Registrierungen: Wie die gegenüber Abb. 4 vergrößerte Wiedergabe in Abb. 6 zeigt, läßt sich nur auf dieser ein zweiter, viel intensiverer s.s.c. Nov. 13 d 10 h 21 m erkennen, der in D 600 γ erreichte. Vielen Observatorien, die nicht über Sturmvariometer verfügen, ist dieser bedeutsame s.s.c. im "Lärm" der empfindlichen Registrierungen entgangen. Er gehört zu einer Sonneneruption (solar flare) der stärksten Intensität (3+), die Nov. 12 d 13 h 15 m begann; die Reisezeit der Sonnengaswolke betrug also etwa 21 Stunden. Die Eruption wurde von einem erdmagnetischen solar flare effect sfe begleitet, den man deutlich auf den normalen Magnetogrammen (Abb. 5) erkennt, besonders in D, an der baiartigen Verstärkung des normalen täglichen Ganges (abnehmende Ostkomponente) am 12. November zwischen 13 und 14 h, gerade noch vor dem ersten s.s.c.

Die vorhergehende kleine Ausbuchtung in den drei Komponenten kurz vor 13 h am 12. November sollte nicht übersehen werden; man muß Registrierungen von der Nachtseite der Erde abwarten, um zu entscheiden, ob die Ausbuchtung dort fehlt und dadurch die Erscheinung als ein kleiner solar flare effect zu werten ist. Bekanntlich wirken nur die stärksten Eruptionen so deutlich in den erdmagnetischen Variationen; die Intensität des erdmagnetischen Effektes parallel zur Eruption Nov. 12 d 13 h 15 m sollte deshalb als ein Anzeichen der Stärke dieses Ausbruches gewertet werden, passend zur ungewöhnlichen Stärke des zugehörigen s.s.c. 21 Stunden später.

4.1.5. Pulsationen

Unter den Einzelheiten der Magnetogramme Abb. 3 und 4 fällt die Heftigkeit der Pulsationen von mehreren Minuten Periode auf, namentlich in den späteren Teilen des Sturmes. Sie kulminieren in der schönen Serie von regelmäßigen Riesen-Pulsationen, von etwa 5 Minuten Periode, zwischen Nov. 13 d 17 und 18 h, in größerem Maßstab in Abb. 7 reproduziert.

In einem Beitrag zum COSPAR-Symposium in Florenz [9] ist der Sturm vom November 1960 verglichen mit demjenigen vom 6./7. Oktober 1960, ohne s.s.c. Dort sind auch Betrachtungen über die Häufigkeit des Auftretens so starker Stürme zu finden, ebenso sind die nur wenig schwächeren

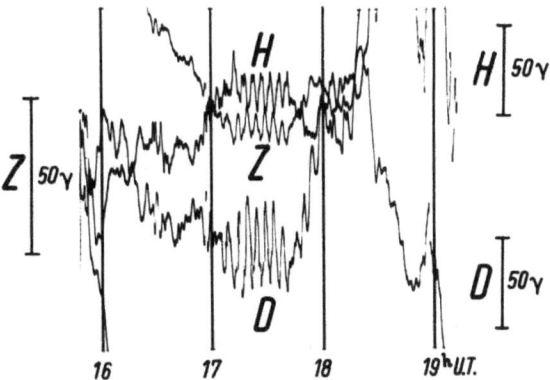

Abb. 7: Vergrößerter Ausschnitt aus der Hauptregistrierung, 1960 November 13, 16 bis 19 h: Riesen-Pulsationen.

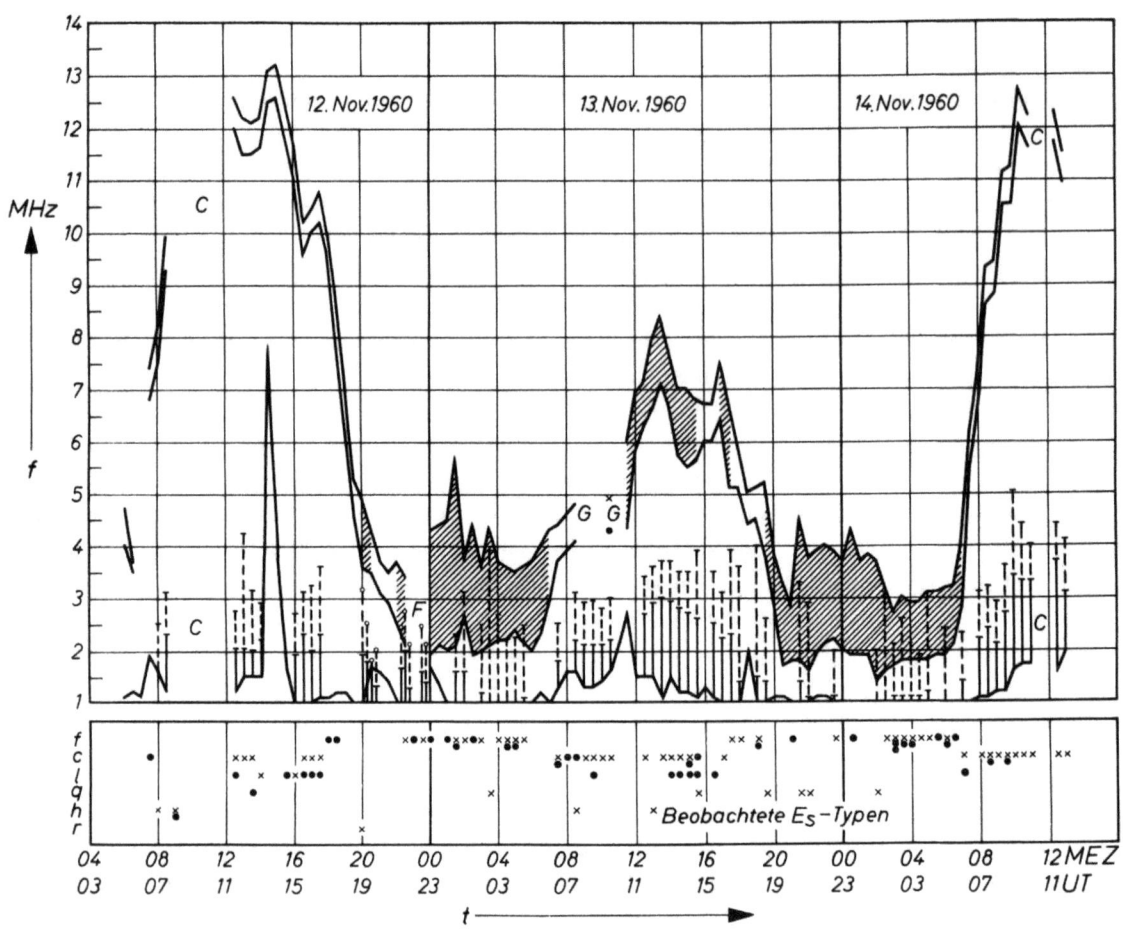

Abb. 8: Charakteristische Größen der Ionosphäre vom 12. bis 14. November 1960 nach Messungen in Lindau. Erläuterung im Text.

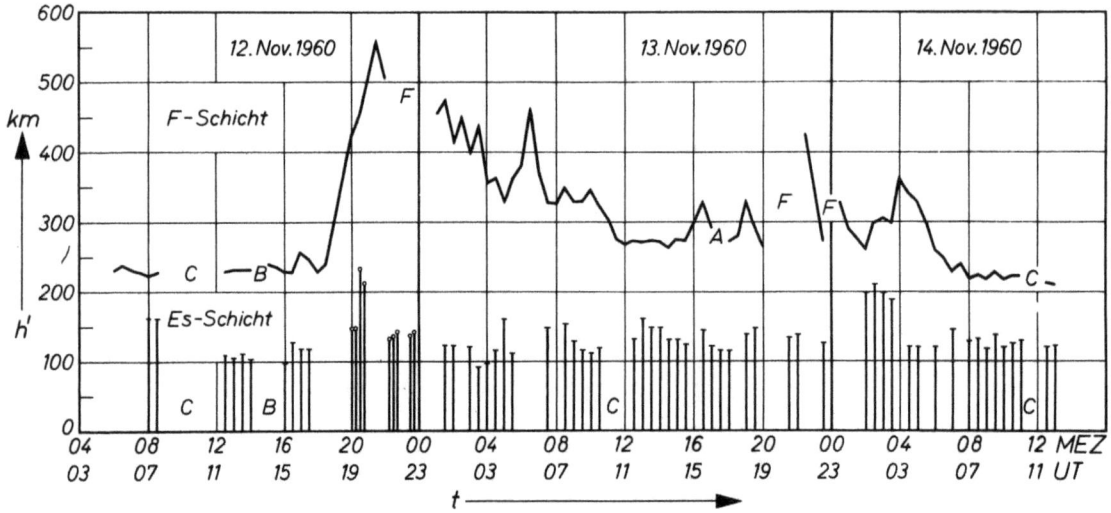

Abb. 9: Scheinbare Höhe der F- und Es-Schicht vom 12. bis 14. November 1960 nach Messungen in Lindau.

Stürme erwähnt, die Nov. 15 d 13 h 04 m und 21 d 06 h 32 m begannen, und die kausale Beziehung der Stürme zum Vorübergang der McMath Plage Region Nr. 5925, die den Zentral-Meridian der Sonne am 12. November überschritt.

4. 2. Ionosphäre

4. 2. 1. Senkrechtlotungen in Lindau (W. BECKER, H. KÖHL)

In den beiden folgenden Abbildungen sind die Ergebnisse der Lindauer Ionosondenbeobachtungen für die Periode vom 12. bis 14. November schematisch wiedergegeben. In Abb. 8 stellen die beiden oberen ausgezogenen Kurven die ordentliche und außerordentliche Grenzfrequenz der F2-Schicht dar. Die schraffierten Gebiete bedeuten, daß spread-F so stark war, daß keine Grenzfrequenzangabe für die beiden Komponenten möglich war. Die Schraffur gibt die Grenzen des Streubereiches an. Am 13. November von 08.00 - 10.00 h wurde nur eine F1-Schicht beobachtet. Hier ist anstelle eines Meßwertes der Buchstabe "G" in den Kurvenzug eingetragen.

Die untere ausgezogene Kurve ist fmin, die tiefste Frequenz, auf der Echos auftreten. Der Mögel-Dellinger-Effekt am 12. November ist deutlich zu erkennen.

Die Es-Schicht (Haupttyp) ist durch senkrechte Striche dargestellt. Sie sind ausgezogen bis zur Abdeckfrequenz und gestrichelt bis zur "top-frequency". Ein kleiner Kreis am Ende der Linie bedeutet, daß es sich um eine dicke Schicht handelt (r-Typ, Esn). Dicke Schichten wurden am 12. November zwischen 19.00 und 23.00 h beobachtet.

Im unteren Teil des Bildes sind die beobachteten Es-Typen angegeben. Ein Kreuz kennzeichnet den Haupttyp, ein Punkt den schwächeren Nebentyp. Die Symbole am linken Rand der Figur bedeuten:

$$
\begin{aligned}
f &= \text{nächtliches Es mit scharfer Unter- und Oberkante} \\
c &= \text{"cusp", eine Es-Schicht innerhalb der E1-Schicht,} \\
  &\quad \text{aber unterhalb des Schichtmaximums} \\
l &= \text{eine Es-Schicht unterhalb der E1-Schicht} \\
q &= \text{äquatoriales Es} \\
h &= \text{eine Es-Schicht oberhalb des Maximums der E1-Schicht} \\
r &= \text{"retardation type", eine dicke Es-Schicht}
\end{aligned}
$$

Abb. 9 zeigt die minimalen scheinbaren Höhen der F-Schicht und der Es-Schicht. Am 12. November steigt von 17.30 bis 20.30 h die F-Schicht um etwa 220 km an. Dieser Anstieg erfolgt gleichzeitig mit dem Einsatz starker erdmagnetischer Störungen. Im weiteren Verlauf des Sturmes ist ein Zusammenhang zwischen Schichtbewegungen und erdmagnetischer Störung nicht mehr in Einzelheiten festzustellen.

Am 14. November zwischen 01.00 und 02.30 h wurden Es-Spuren in einer Höhe um 200 km (!) beobachtet.

Eine Folge charakteristischer Ionogramme ist in Abb. 10 - 15 wiedergegeben. Die Aufnahmen sind jeweils auf der gegenüberliegenden Seite kurz erläutert.

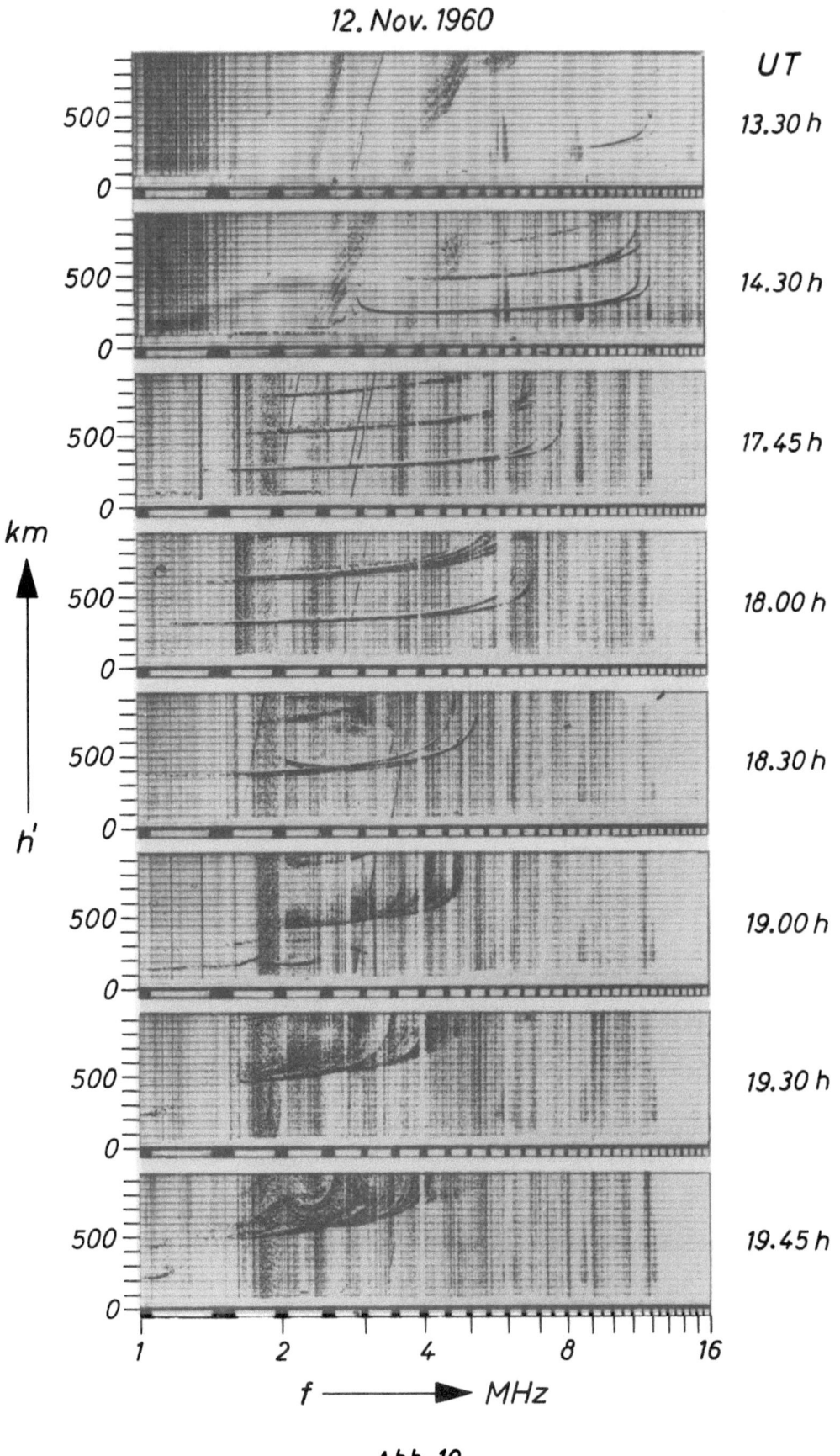

Abb. 10

12. November 1960

13.30 h   Mögel-Dellinger-Effekt, fmin = 8 MHz. In der Nähe der F2-Grenzfrequenz ist ein kleiner Haken zu beobachten.

14.30 h   Der Bereich zwischen E- und F-Schicht scheint voll mit Ionisation aufgefüllt zu sein.

17.45 h   Die F-Schicht ist noch ungestört.

18.00 h   h'F ist 50 km höher als um 17.45 h. Die Schichtdicke hat zugenommen. In der 2 x F-Spur treten Schrägechos auf.

18.30 h   Weiterhin Zunahme von h'F und der Schichtdicke. In der a.o. Echospur der F-Schicht macht sich eine tiefer liegende Ionisierung bemerkbar.

19.00 h   Spread-F über die ganze Spur. Nächtliche E-Ionisierung mit foE = 1,8 MHz.

19.30 h   Mehrfachaufspaltung erkennbar mit starkem spread-F im Hintergrund. Streuechos aus 240 km Höhe.

19.45 h   Ausbildung einer Ionisationsstufe der F-Schicht. Echos aus 210 km Höhe.

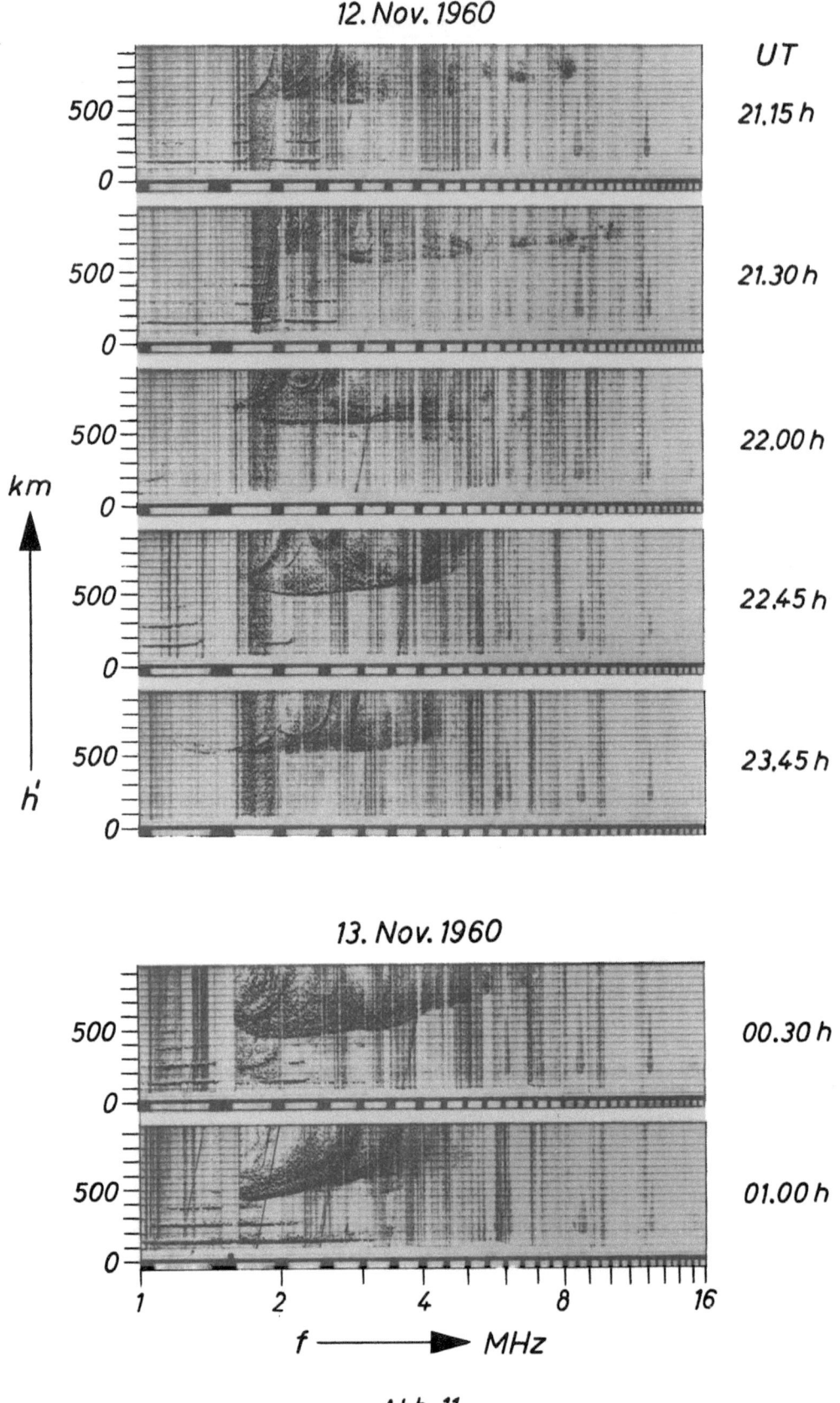

Abb. 11

21.15 h   Die F2-Schicht löst sich auf. Streuechos bis 9 MHz. Kräftige sporadische E-Schicht mit geringer Verzögerung. (Esr)

21.30 h   F-Schicht völlig zerblasen. Esr.

22.00 h   Scharfe F-Spuren und darunter Streuechos.

22.45 h   Nächtliche E-Ionisierung mit o. und a.o. Spur. F- Schicht wie 22.00 h.

23.45 h   Ausbildung einer hohen F-Spur ohne spread-F.

13. November 1960

00.30 h   F-Schicht völlig aufgelöst.

01.00 h   Absinken der Streuechos. Nordlicht-Es.

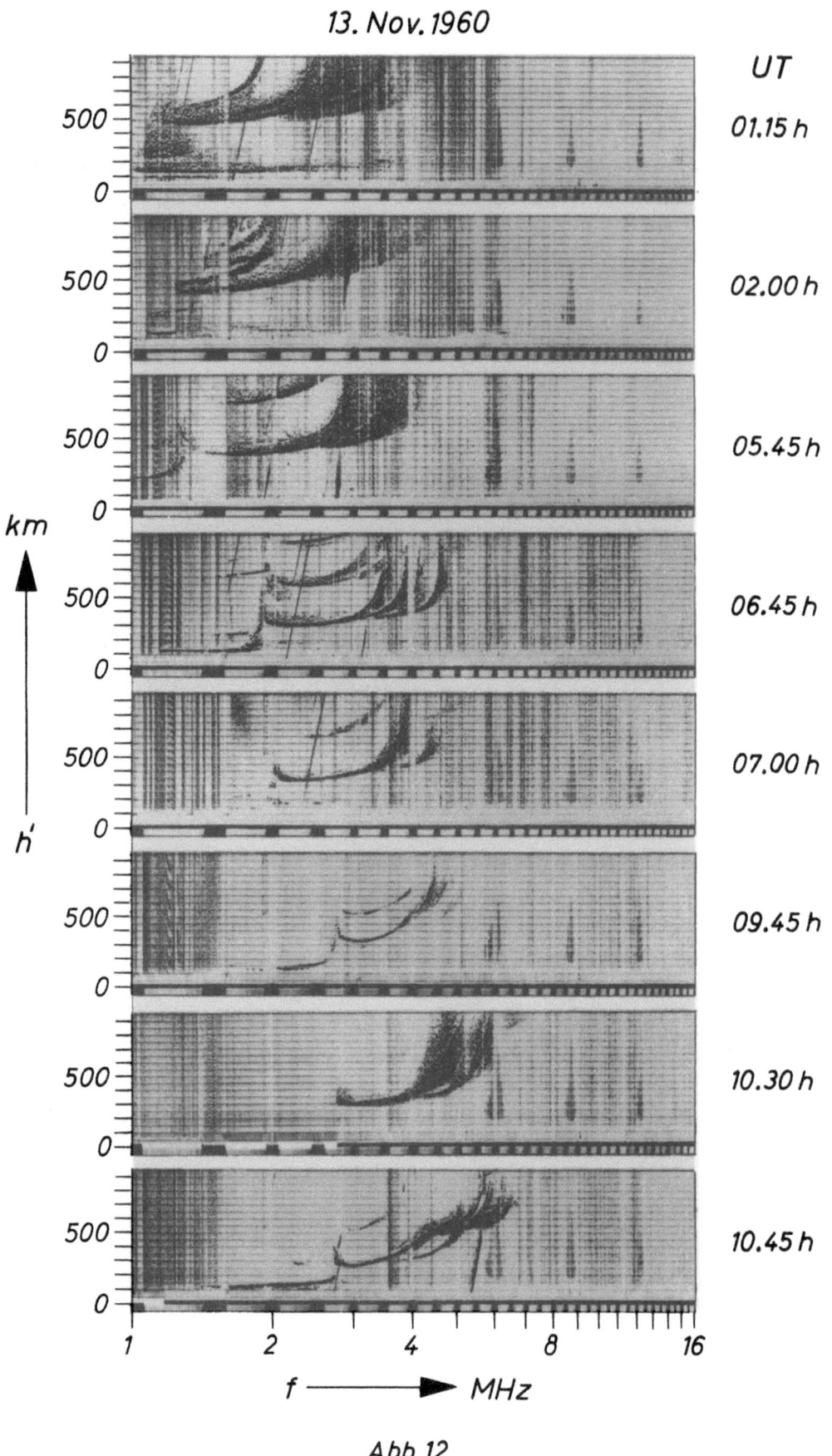

Abb. 12

01.15 h   Ausbildung einer Nordlicht-Es-Schicht.

02.00 h   Spread-F vorzugsweise bei höheren Frequenzen. 1 x F-Schrägreflexion. Kein Nordlicht-Es mehr.

05.45 h   Sonnenaufgang mit deutlichem Übergang zwischen E- und F-Niveau. Starkes spread-F. Die F-Schicht liegt noch sehr hoch.

06.45 h   Der Bereich zwischen E- und F-Schicht ist anscheinend voll mit Ionisation ausgefüllt. Nur noch geringes spread-F. Die F-Schicht liegt annähernd in normaler Höhe.

07.00 h   Die F-Schicht ist etwas angestiegen. Dicke F-Schicht, geringe Grenzfrequenz. Hohe Absorption nur vorgetäuscht (Geräteausfall).

09.45 h   Sehr dicke E-Schicht. Kein spread-F mehr.

10.30 h   Neue Störung. Starkes spread-F. Hohe Absorption wiederum durch Gerätestörung vorgetäuscht. (Kein Impuls unter 2,8 MHz.)

10.45 h   F1-Aufspaltung

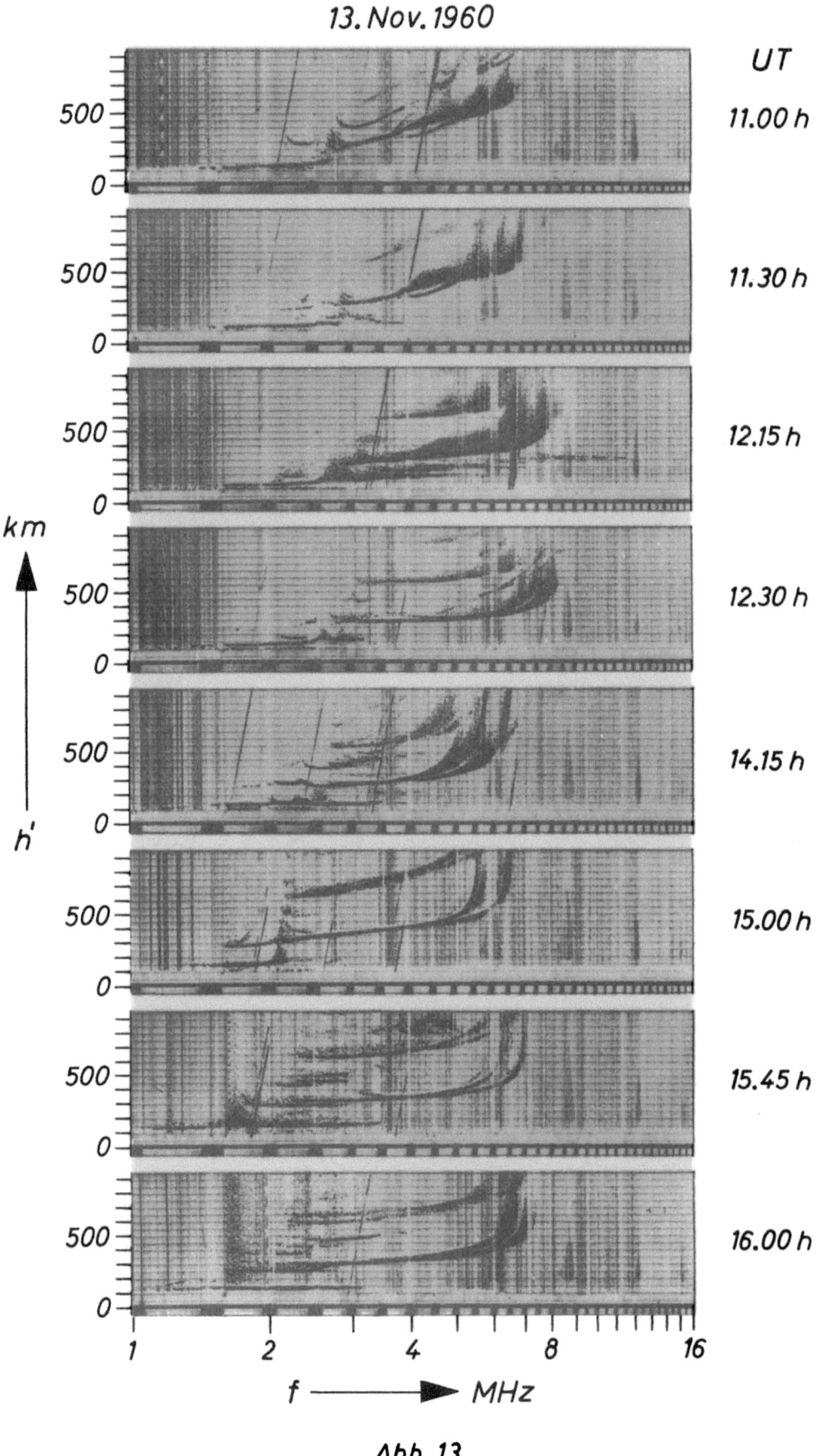

Abb. 13

11.00 h   Spread-F nimmt zu. Schichtaufbaustörung. 1 x F-Schrägreflexion.
          M - Reflexion.

11.30 h   Starkes spread-F.

12.15 h   Sehr starkes spread-F. Nordlicht-Es. Typische Nordlichtaufnahme.

12.30 h   Die Störung läßt nach. Sehr schöne z-Komponente in der E-Schicht.

14.15 h   Neue Störung. Starkes spread-F. Sehr dicke F-Schicht.

15.00 h   Beruhigung. Die F-Schicht ist fast ungestört.

15.45 h   Die F-Schicht ist hoch. Nordlicht-Es.

16.00 h   Neue Störung. Spread-F, dicke F-Schicht. Kräftiges Es.

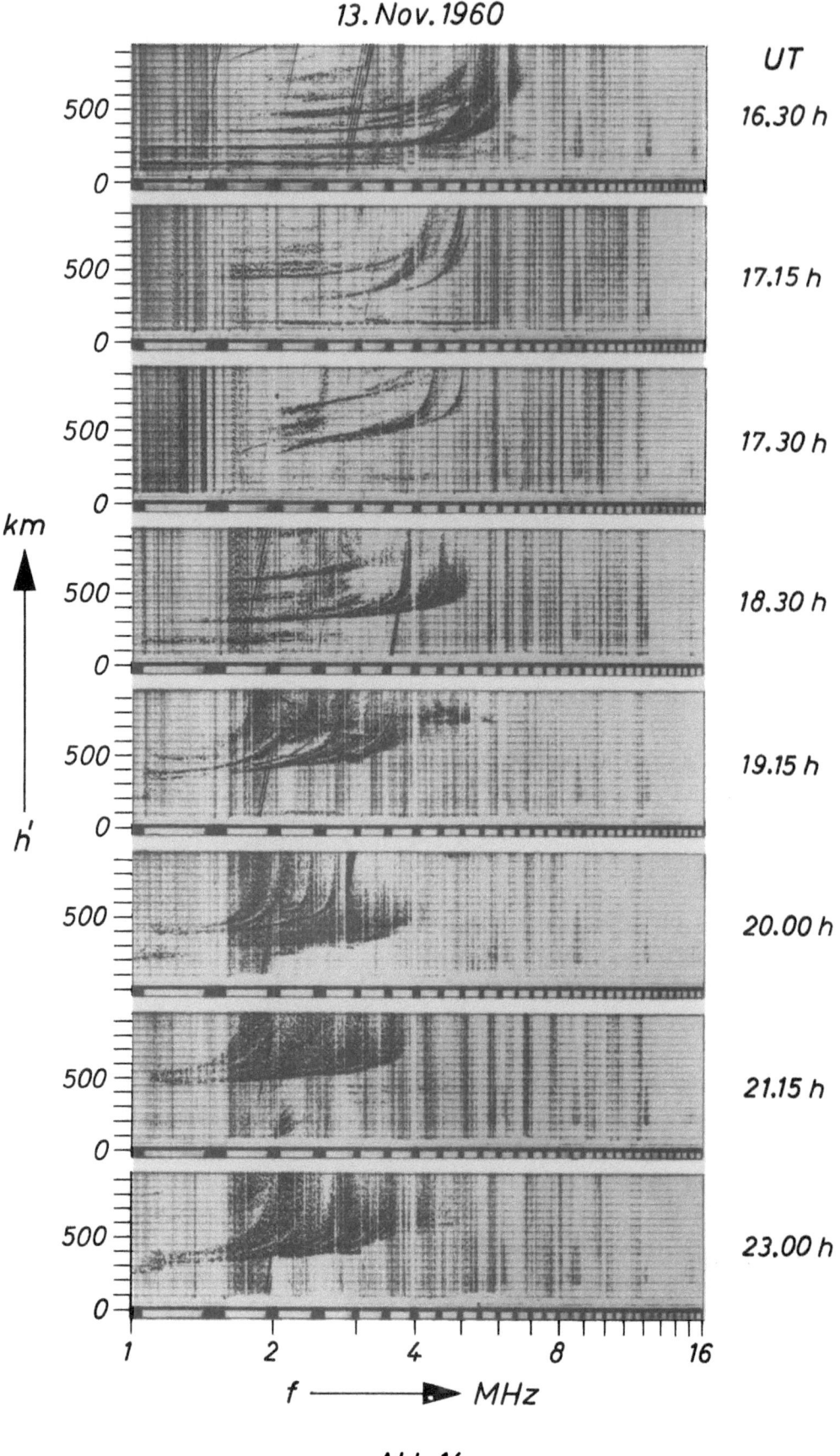

Abb. 14

16.30 h   Spread-F nimmt zu. Es.

17.15 h   Sehr dicke F-Schicht, aber fast kein spread-F mehr. Es.

17.30 h   Ausbildung einer F1-Schicht.

18.30 h   Starkes spread-F.

19.15 h   Einige scharfe Spuren inmitten diffuser Streuechos.

20.00 h   Die scharfen Spuren sind geblieben. Die Streuechos sind abgesunken.

21.15 h   Die F-Schicht ist völlig zerblasen, h'F = 450 km.

23.00 h   Die F-Schicht ist abgesunken.

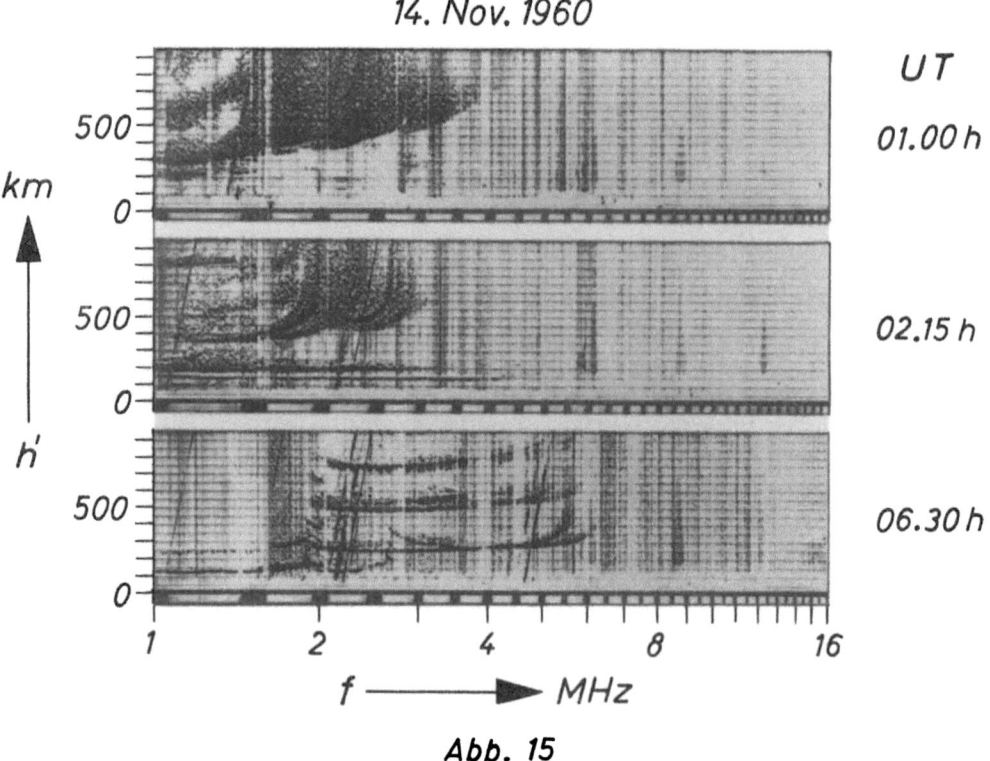

Abb. 15

14. November 1960

<u>01.00 h</u>   Die F-Schicht ist völlig zerblasen.

<u>02.15 h</u>   Spread-F läßt nach. Drei Es-Schichten in 95, 130, 180 km Höhe.

<u>06.30 h</u>   Nur noch geringe Störung.

4.2.2. Gleichzeitige Senkrechtlotungen in Lindau, Ostenland und Gedern
(W. BECKER, H. KOHL)

Neben der permanenten Ionosonde in Lindau wurden z.Z. des Sturmes zwei weitere Sonden in Ostenland bei Paderborn und Gedern im Vogelsberg betrieben. Die erstere Station liegt 100 km westlich, die letztere 150 km südlich von Lindau [x].

Die Stationen sind hinsichtlich der Impulsfolgefrequenz nicht miteinander synchronisiert. Die Frequenzvariation und der Start der Ionogramme stimmt jedoch so gut überein, daß die Spuren der einen Station auf dem Ionogramm der anderen Station als schräge Striche zu sehen sind. Damit ist bewiesen, daß die Aufnahmen tatsächlich genau gleichzeitig erfolgten.

Die an den drei Stationen benützten Geräte [xx] sind bis auf die Antennenanlage identisch. Während die senkrechten Rhombusantennen, die zum Senden und Empfangen simultan benutzt werden, in Lindau von einem Mast von 70 m Höhe getragen werden, sind die Masten der Außenstellen nur 30 m hoch. Dies macht sich vorwiegend im Bereich von 1 - 1,6 MHz bemerkbar. Dort werden die Echolotungen in den Nachtstunden empfindlich durch die Rundfunksendungen gestört. Bei der Lindauer Anlage sind die Störungen wegen der besseren Richtwirkung der Antenne senkrecht nach oben etwas geringer. Sonst sind jedoch die Aufnahmen gut miteinander vergleichbar. In den Abb. 16 bis 22 sind je drei gleichzeitig gewonnene Ionogramme untereinander wiedergegeben und kurz erläutert. Während bei ungestörten Verhältnissen die Aufnahmen nahezu identisch sind, treten während des Sturmes zeitweilig merkliche Unterschiede auf. Ein Vergleich der Ionogramme gibt für den Verlauf des Sturmes bei den drei verschiedenen Stationen folgendes Bild:

---

[x] Diese Beobachtungen zielen auf die flächenhafte Struktur der Ionosphäre ab. Sie sind seit 1.10.1960 mit Unterbrechungen im Gang. Daß die beiden Außenstellen zur Zeit des Sturmes in Betrieb waren, ist ein glücklicher Zufall.

[xx] Eine ausführliche Beschreibung der Lindauer Ionosonde im Rahmen der Mitteilung aus dem Max-Planck-Institut für Aeronomie befindet sich in Vorbereitung.

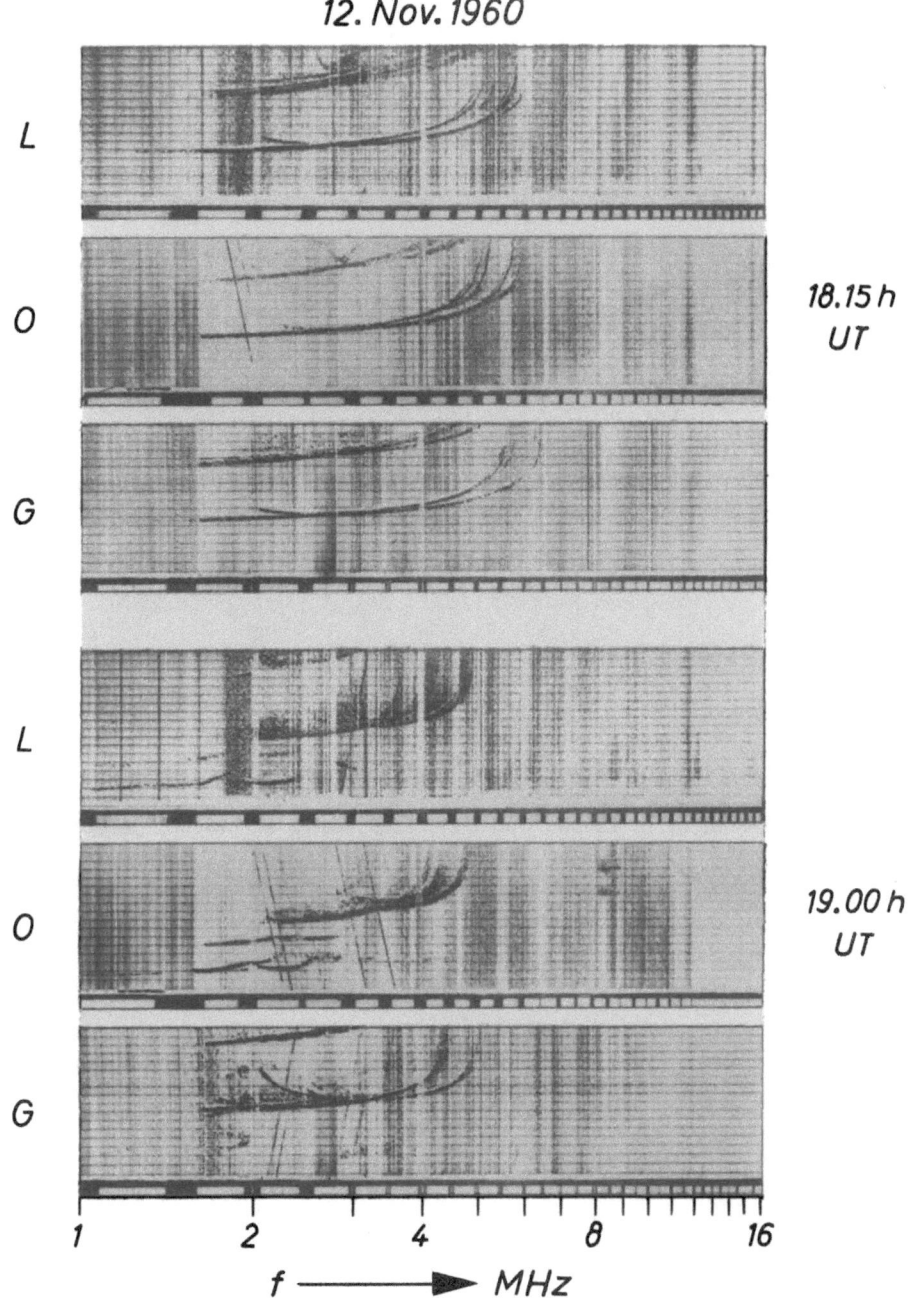

Abb. 16 a: Höhenanstieg der F-Schicht auf allen Stationen gleichzeitig.
Abb. 16 b: Spread-F in Gedern geringer. Die dicke Es-Schicht hat in Gedern geringere kritische Frequenz.

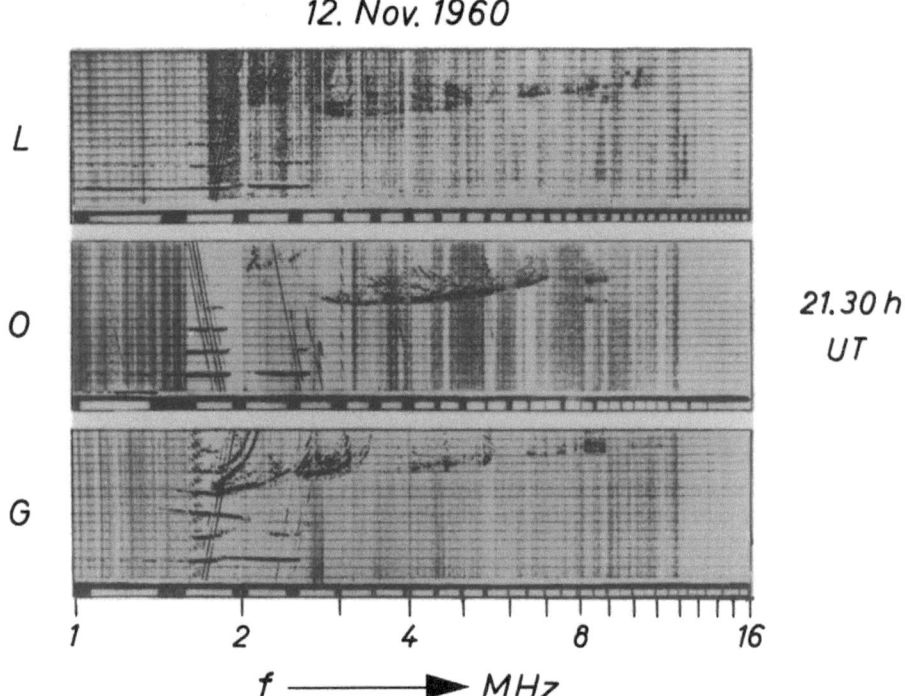

Abb. 17: F-Schicht in Lindau und Ostenland völlig zerblasen, jedoch nicht in Gedern.

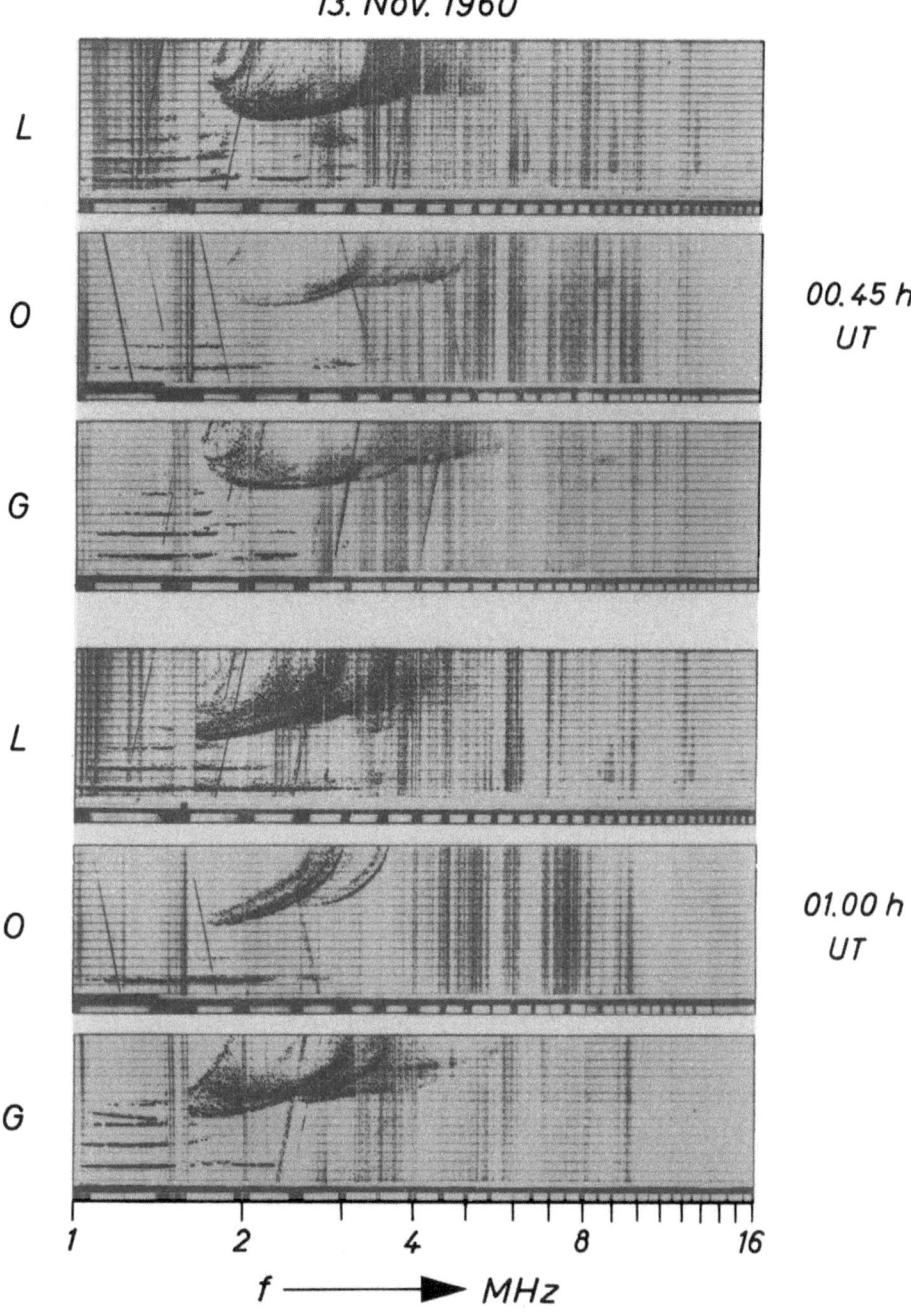

Abb. 18 a: Die Ionogramme von Lindau und Gedern sind fast gleich.
Abb. 18 b: Ostenland ist schwächer gestört.

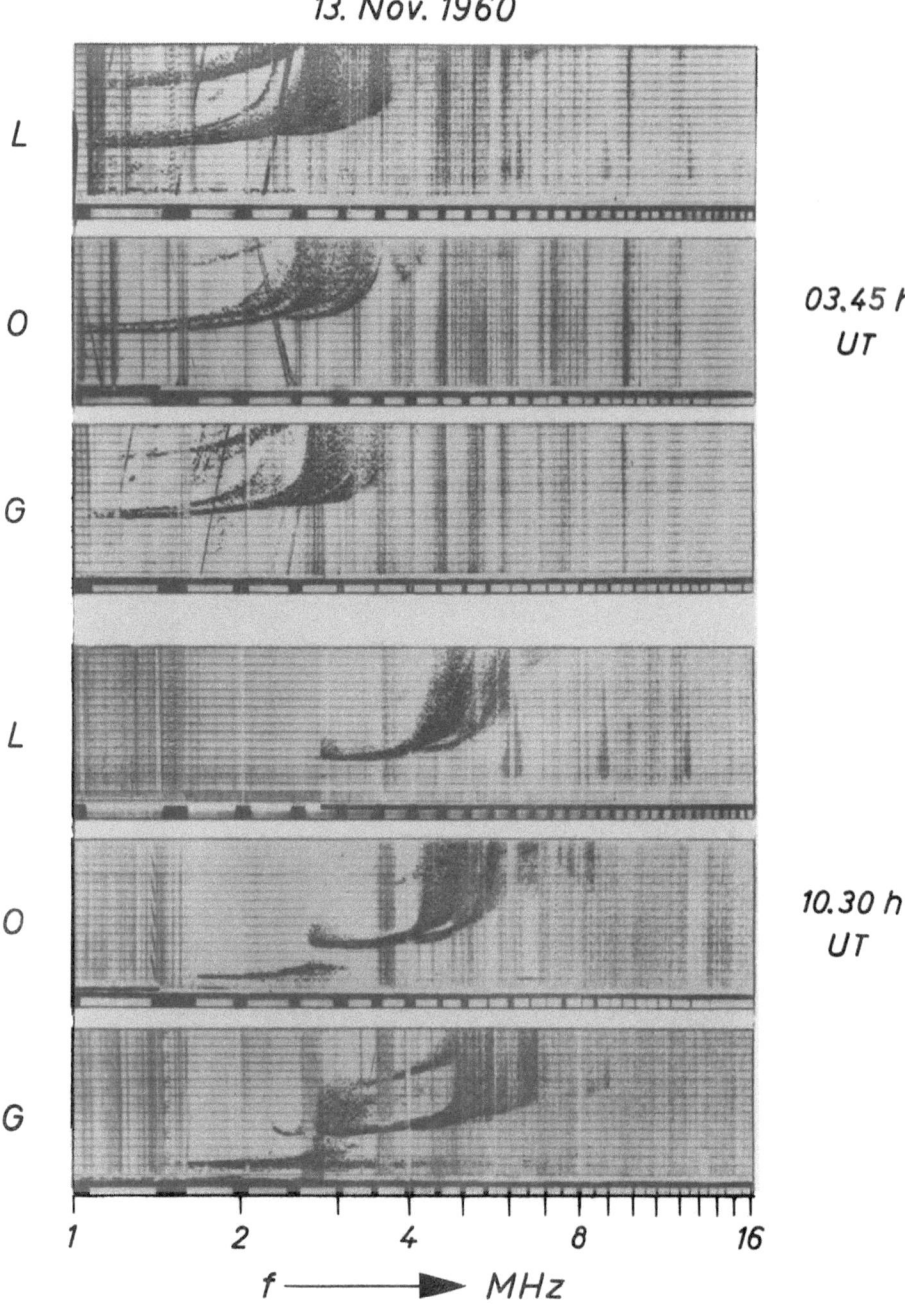

Abb. 19 a: Die drei Ionogramme sind fast gleich.
Abb. 19 b: Einbruch von spread-F. Starkes Es nur in Gedern.

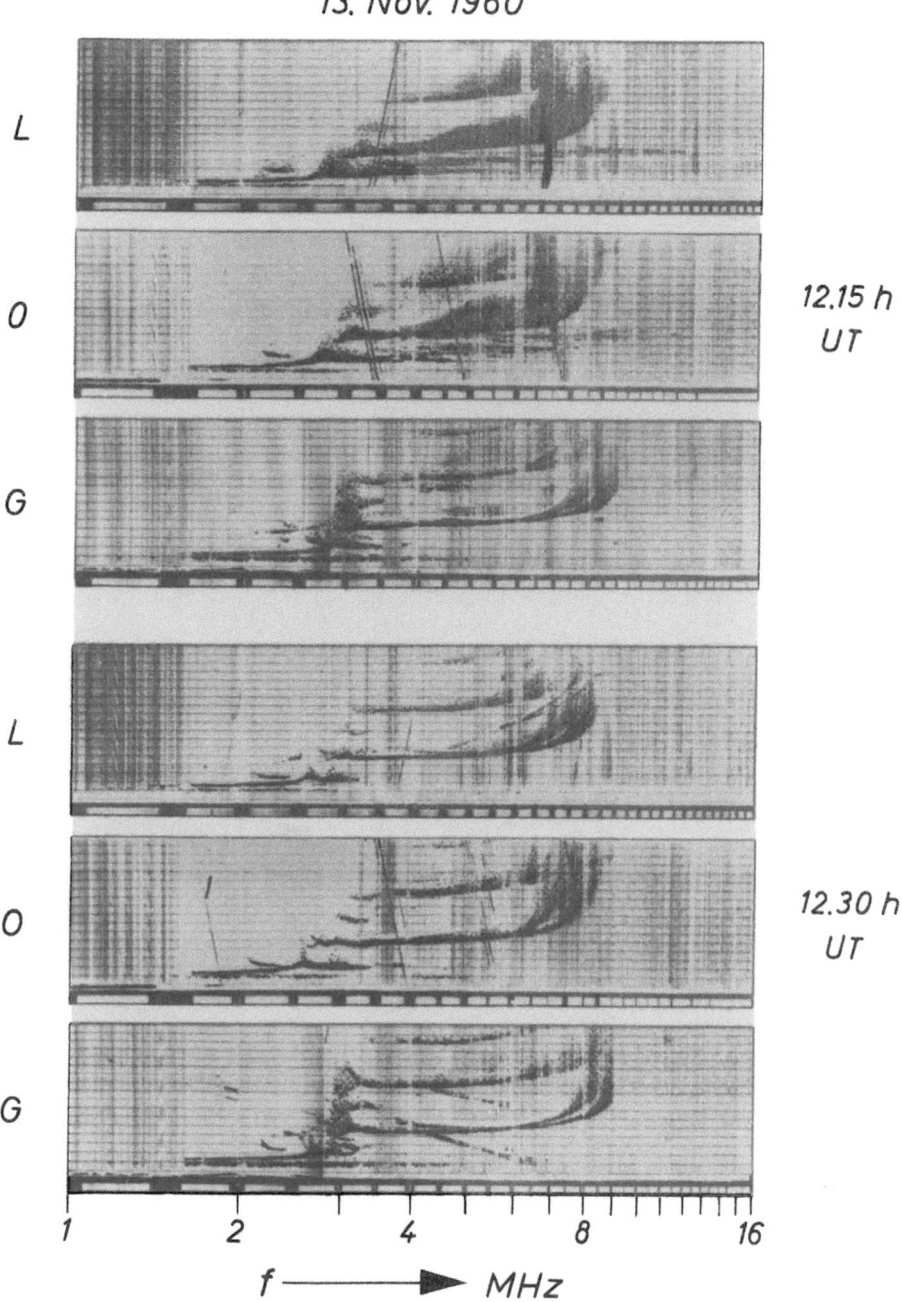

Abb. 20 a: Starker Einbruch von spread-F und Nordlicht-Es in Lindau und Ostenland, jedoch nicht in Gedern. Ez-Echo in Lindau und Ostenland, in Gedern nicht eindeutig.

Abb. 20 b: Ez-Echo auf allen drei Ionogrammen.

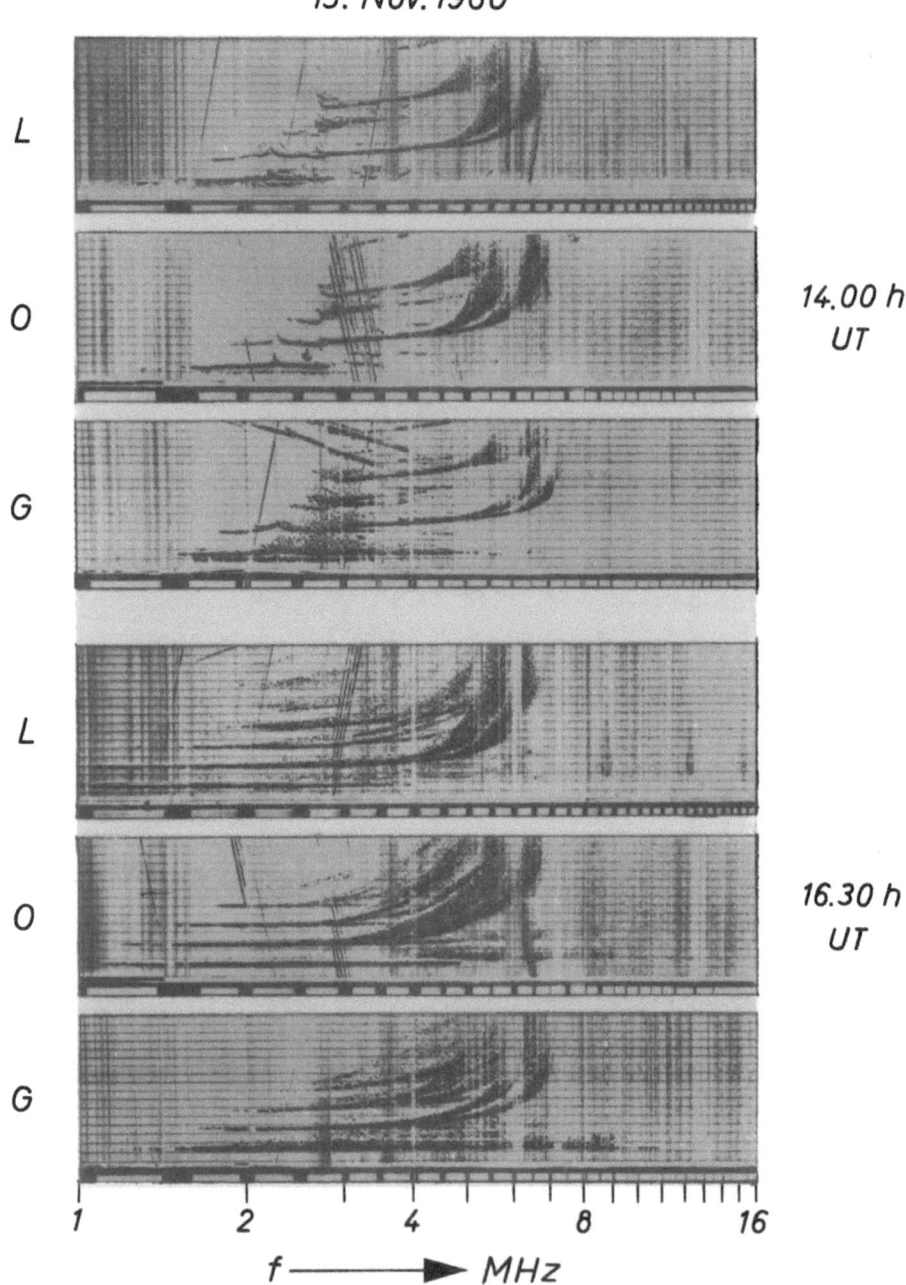

Abb. 21 a: In Gedern geringeres spread-F, aber stärkeres Es-scattering.
Abb. 21 b: Ein starker Einbruch von spread-F, der mit einer Verformung des Schichtprofils verbunden ist, wirkt sich in Gedern kaum aus.

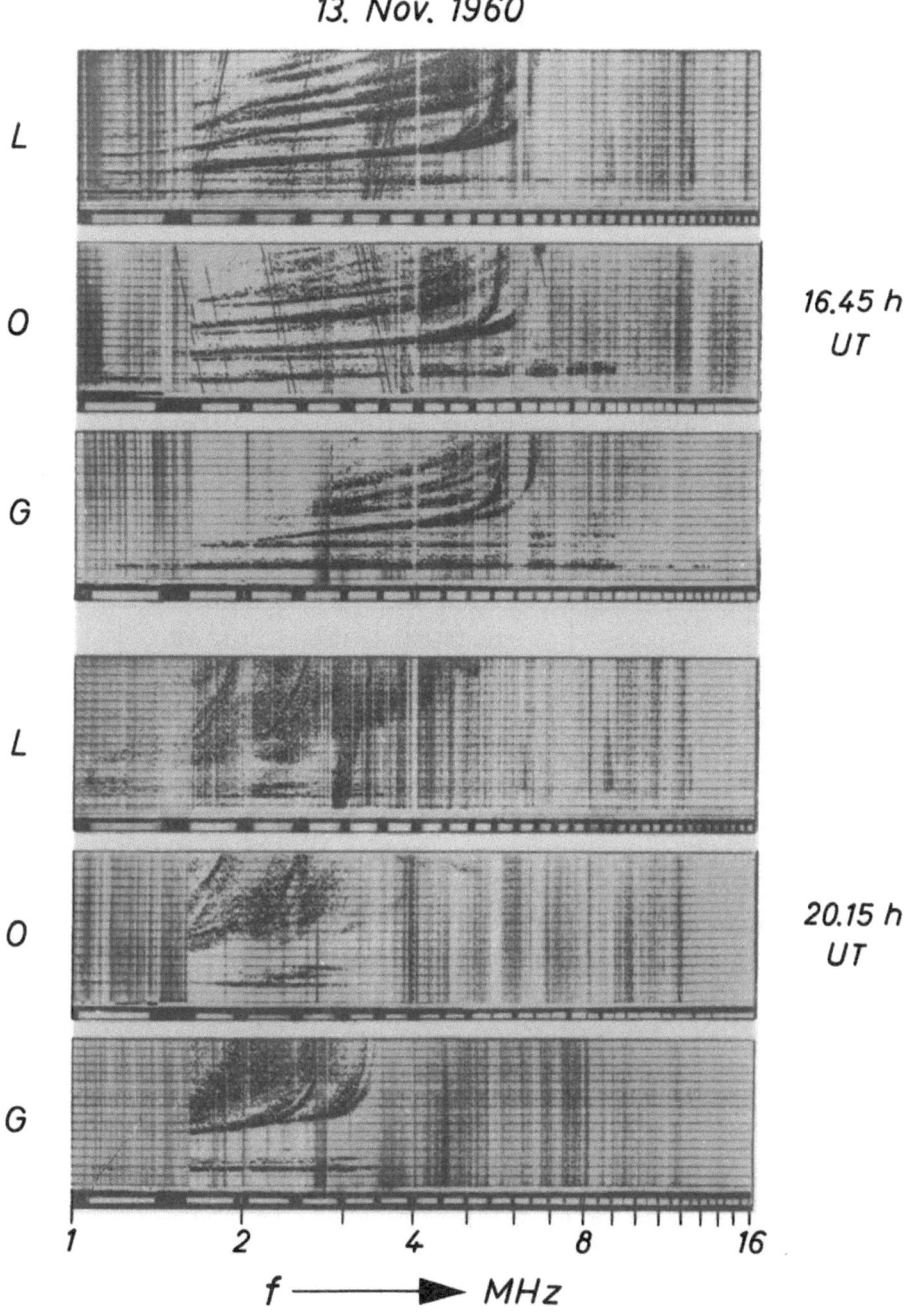

Abb. 22 a: Die drei Ionogramme zeigen unterschiedliche Es - Typen in verschiedener Höhe.
Abb. 22 b: Gedern ist schwächer gestört.

4. 2. 3. Mögel-Dellinger-Effekte (H. SCHWENTEK)

Von den Mögel-Dellinger-Effekten, die zwischen dem 10. und 15. November auftraten, konnten in Lindau nur 4 beobachtet werden, da sich die anderen während der Nachtstunden ereigneten. Die wichtigsten Beobachtungsdaten sind in Tabelle III zusammengestellt.

Tabelle III

Datum 1960	Beginn (UT)	Maximum (UT)	Ende (UT)	Dauer (min)	Typ und Stärke	Meßstrecke Frequenz (MHz)	Länge (km)
10. 11.	10.18 10.20 U 11.18	N U 10.30 11.30	U 14.00 U 11.18 13.00	222 160 [1)]	S-SWF 2 S-SWF 2	2,61 6,05	295 325
12. 11.	U 10.06	10.10	10.18	12	G-SWF 1	2,61	295
12. 11.	13.25 13.26	U 13.37 U 13.33	15.06 U 14.54	101 88	S-SWF 3+ S-SWF 3+	2,61 6,05	295 325
13. 11.	14.14	14.16	14.22	8	S-SWF 1-	2,61	295

U bedeutet: nicht genau bestimmbar;   N bedeutet: nicht auswertbar.

Den ersten drei Effekten können folgende Eruptionen zugeordnet werden:

Tabelle IV

Datum	MDE Beginn	Stärke	Eruption Beginn	Position	Importanz
10. 11.	10.18	2	10.09	28 N 28 E	3
12. 11.	U 10.06	1	09.54	27 N 00 W	1+
12. 11.	13.25	3+	13.15	26 N 01 W	3+

Die Daten für die MDE sind Feldstärkeregistrierungen entnommen, die auf der Strecke Norddeich-Lindau (295 km) auf 2,61 MHz und auf der Strecke Stuttgart-Lindau (325 km) auf 6,05 MHz laufend durchgeführt werden [10].

[1)] Doppeleffekt, d.h. während der 1. Effekt abklingt, setzt ein zweiter ein. Beobachtung des zweiten Einsatzes nur auf 6,05 MHz möglich, da auf 2,61 MHz die Feldstärke noch Null.

Die Registrierung auf 6,05 MHz während des Effektes am 10. November ist in Abb. 23 wiedergegeben, die Registrierungen auf 2,61 und 6,05 MHz während der Effekte am 12. November in Abb. 24. Wegen der höheren Frequenz ist auf 6,05 MHz der Effekt Nov. 12 d 10 h 06 m nur angedeutet.

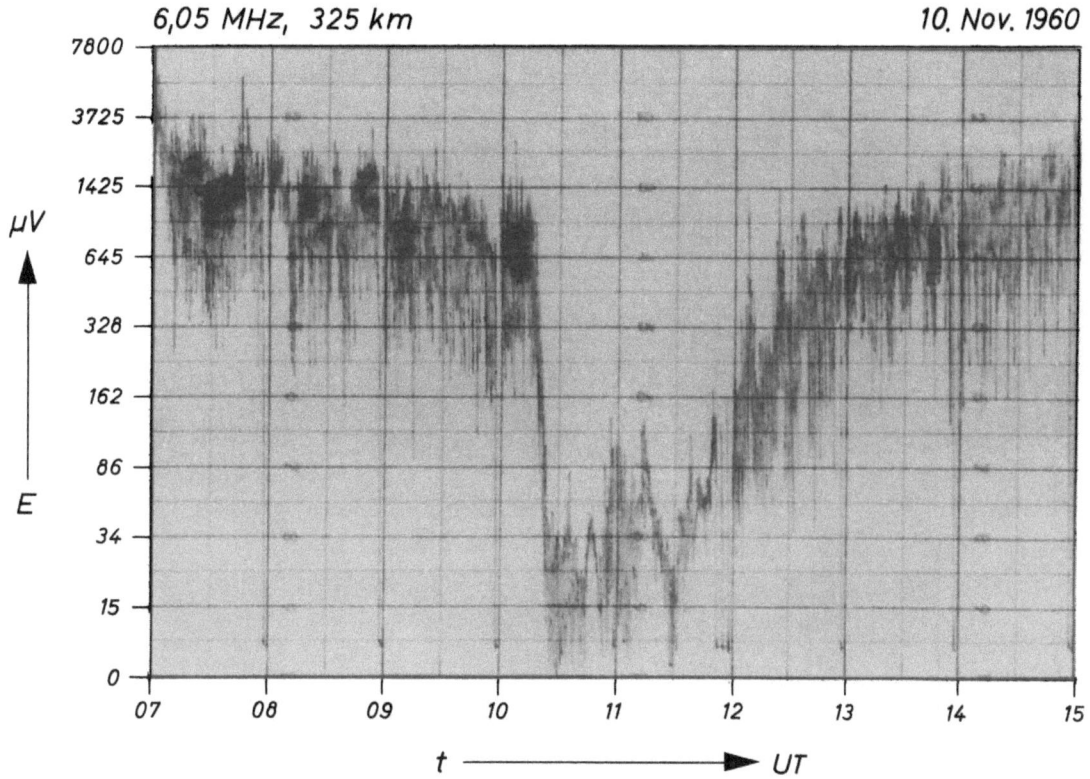

Abb. 23: Feldstärkeregistrierung auf 6,05 MHz am 10. November 1960.

Die Ionogramme während des letzten Effektes sind in Abb. 25 wiedergegeben. Die Aufnahme von 13.15 h ist noch ungestört. Auf der nächsten Aufnahme um 13.30 h kurz nach dem Beginn des Effektes sind nur noch Reflexionen auf sehr hohen Frequenzen zu erkennen (fmin = 8,3 MHz). Im Laufe der folgenden Stunde rückt fmin systematisch nach niedrigeren Frequenzen; außerdem treten allmählich wieder die Mehrfachreflexionen auf. Der Verlauf von fmin für die verschiedenen

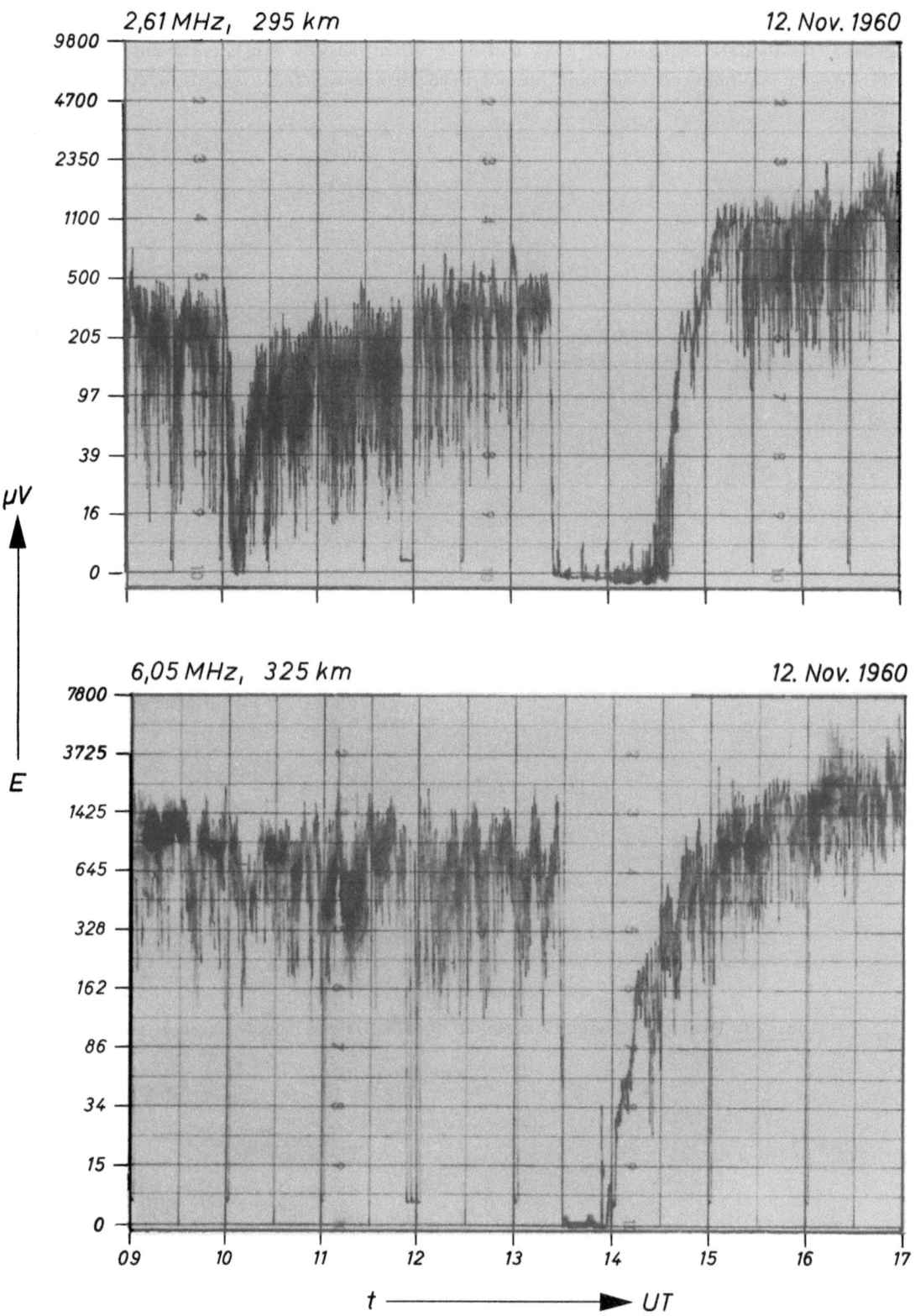

Abb. 24: Feldstärkeregistrierung auf 2,61 und 6,05 MHz am 12. November 1960.

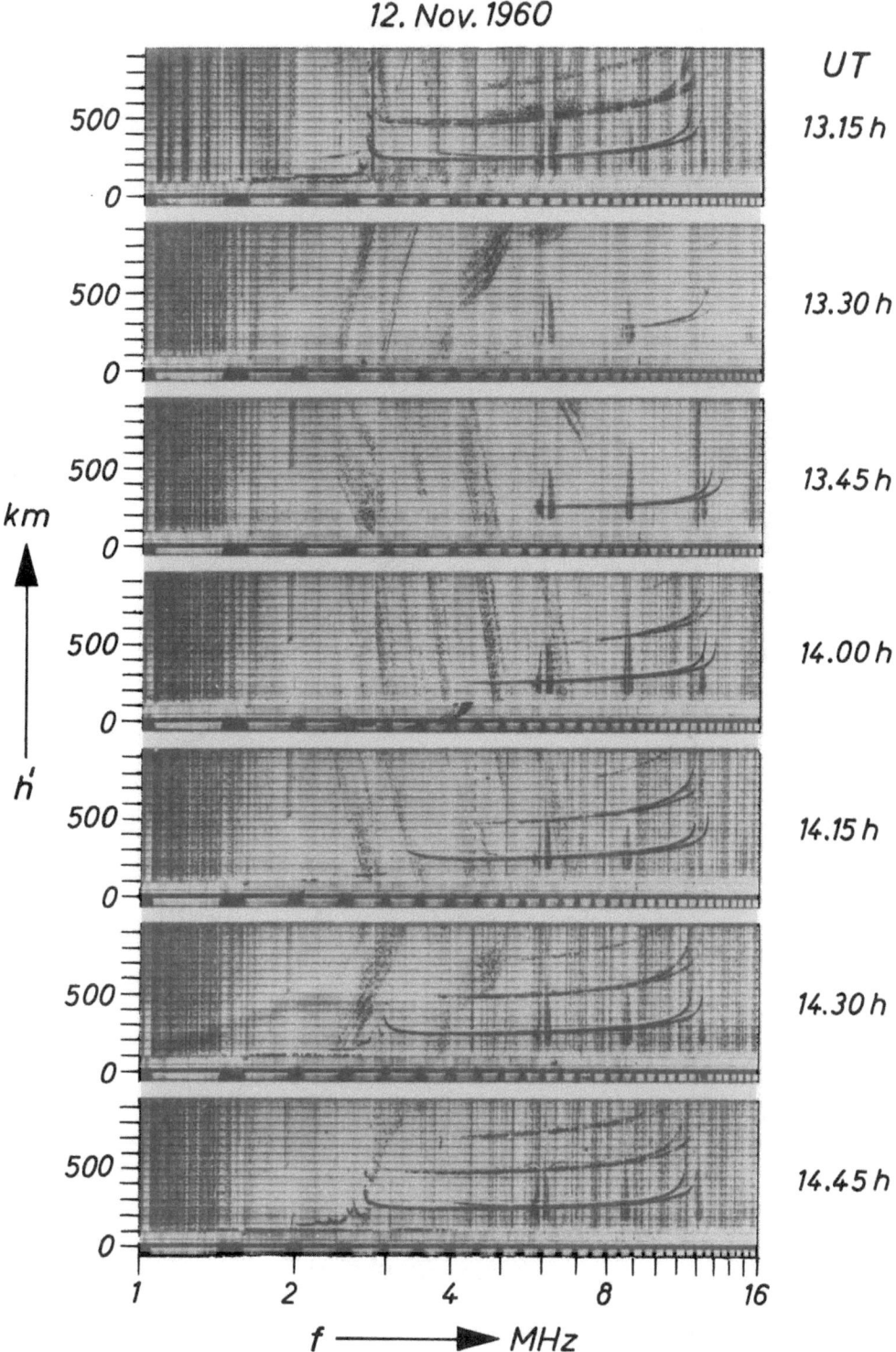

Abb. 25: Ionogramme der Station Lindau während des Mögel-Dellinger-Effektes Nov. 12 d 13 h 25 m. Die Zeiten sind den Aufnahmen beigeschrieben.

Reflexionen ist in Abb. 26 wiedergegeben, darunter die aus der Feldstärkeregistrierung auf 6,05 MHz abgeleitete Zusatzdämpfung D . Man erkennt, daß

$$D\,[dB] \propto -\log \Delta t$$

ist, wenn Δt die Zeitspanne nach Beginn der Störung ist. Dies ist charakteristisch für alle MDE.

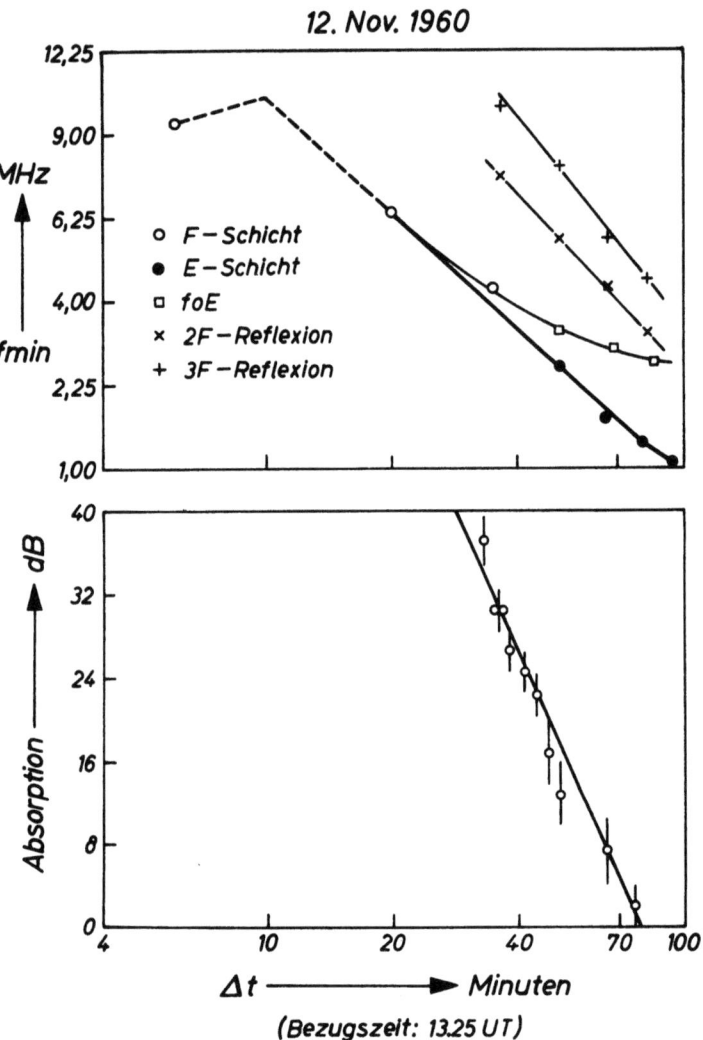

Abb. 26: Niedrigste beobachtete Frequenz fmin und Maß der Zusatzdämpfung während des Mögel-Dellinger-Effektes Nov. 12d 13h 25.m.

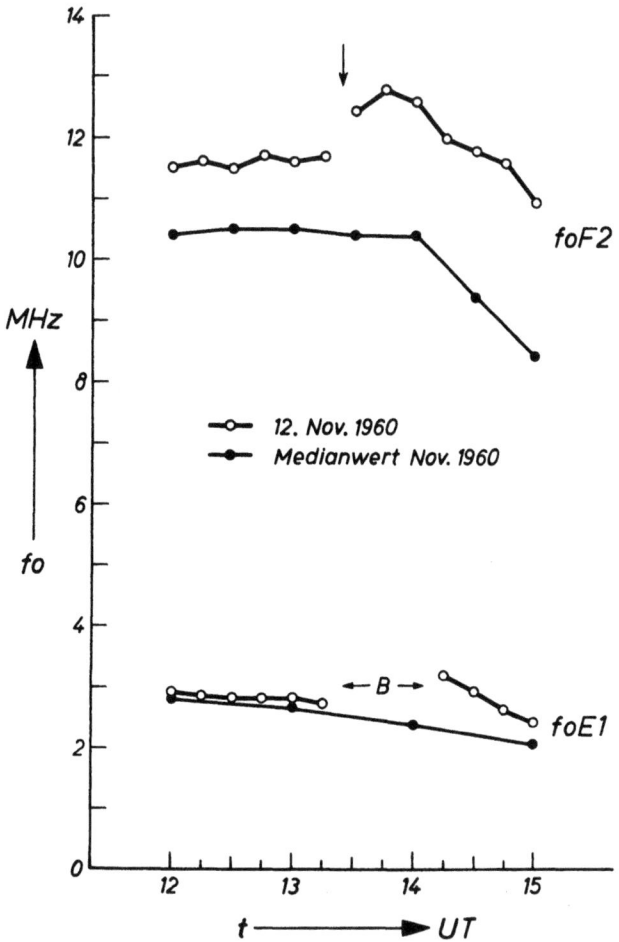

Abb. 27: Verlauf der kritischen Frequenz der F- und E-Schicht während des Mögel-Dellinger-Effektes Nov. 12d 13h 25m verglichen mit den Medianwerten Nov. 60. Der Beginn ist durch einen Pfeil markiert.

Sehr bemerkenswert ist die Zunahme der kritischen Frequenz der F2-Schicht während des Effektes (Abb. 27). Sie liegt um 13.45 h um 1,1 MHz höher als um 13.15 h vor Beginn des Effektes. Wenn auch Schwankungen in diesen Größenordnungen an ungestörten Tagen auftreten, so legt doch der Verlauf nahe, daß es sich um eine echte Auswirkung des Effektes handelt. Sie entspricht einer Zunahme der Elektronenkonzentration um 20 %. Während eine Zunahme der Elektronenkonzentration in der E-Schicht während eines MDE ziemlich regelmäßig auftritt [11], [12], ist eine Zunahme in der F-Schicht höchst ungewöhnlich und wurde bisher nur in zwei weiteren Fällen, nämlich am 19. November 1949 und am 23. Februar 1956 beobachtet [13], [14], [15]. Es hängt dies zweifellos mit der ungewöhnlichen Stärke des Effektes zusammen. Offenbar ist die Intensität der ionisierenden Sonnenstrahlung auch in dem Bereich angestiegen, der für die Ionisierung der F2-Schicht maßgebend ist (300 - 600 Å).

4. 2. 4. Feldstärkeverlauf auf 2,61 MHz (H. SCHWENTEK)

Der Feldstärkeverlauf des Senders Norddeich auf 2,61 MHz in Lindau (Abb. 28) läßt sich an Hand der Senkrechtionogramme recht gut deuten. Mit dem Abklingen des MDE Nov. 12 d 13 h 25 m steigt die Feldstärke wieder an und erreicht gegen 15.00 h ihren Normalwert. Der weitere Anstieg bis 17.30 h ist durch den Abbau der D-Schicht nach S.U. bedingt. Die Reflexion findet zunächst an der normalen und dann an einer abdeckenden Es-Schicht statt. Ab 17.30 h wird die dichte Es-Schicht abgebaut und die Reflexion erfolgt teils an einer transparenten Es-Schicht, teils an der immer mehr zerfallenden F-Schicht. Gegen 19.00 h tritt nochmals eine deutliche Es-Spitze auf. Anschließend reflektiert nur noch eine sehr inhomogene F-Schicht in 550 km Höhe mit sehr schnellem Fading.

Die Feldstärkespitzen zwischen 21.00 und 21.30 h sowie zwischen 00.00 und 00.40 h fallen mit gut reflektierenden Es-Schichten auf den Lindauer Ionogrammen zusammen. Eine kleine Zeitverschiebung zwischen den Feldstärkespitzen und dem stärksten Auftreten der Es-Schicht bei der Senkrechtlotung in Lindau entspricht der allgemeinen Erfahrung, daß das Nordlicht-Es von Norden nach Süden wandert. Der etwa 150 km weiter nördlich liegende Reflexionspunkt der Übertragungsstrecke wird also etwas früher von der Es-Schicht erreicht. Der Feldstärkeabfall gegen 01.00 h ist vielleicht ein Ausläufer der Polar Cap Absorption, die in hohen Breiten etwa ab 18.00 h mit großer Intensität beobachtet wurde. Auf den Lindauer Ionogrammen treten um 01.15 h deutlich Reflexionen aus Höhen um 90 km auf (Abb. 12), die auf eine tiefliegende Ionisierung hinweisen. Gleichzeitig verschwinden die vorher gut ausgeprägten Mehrfachreflexionen der Es-Schicht (Abb. 11). Anschließend wird die F-Schicht wieder etwas homogener und sinkt auf 400 km ab. Entsprechend liegt die Feldstärke zwischen 01.30 und 04.00 h höher als zwischen 19.15 und 00.00 h. Ab 06.30 h macht sich im wesentlichen die zunehmende Dämpfung durch die D-Schicht nach Sonnenaufgang bemerkbar. Bemerkenswert ist, daß die Es-bedingten Feldstärkespitzen gegen 21.15 und 00.30 h mit einer auffallenden Zunahme der Deklination (Abb. 4) koinzidieren.

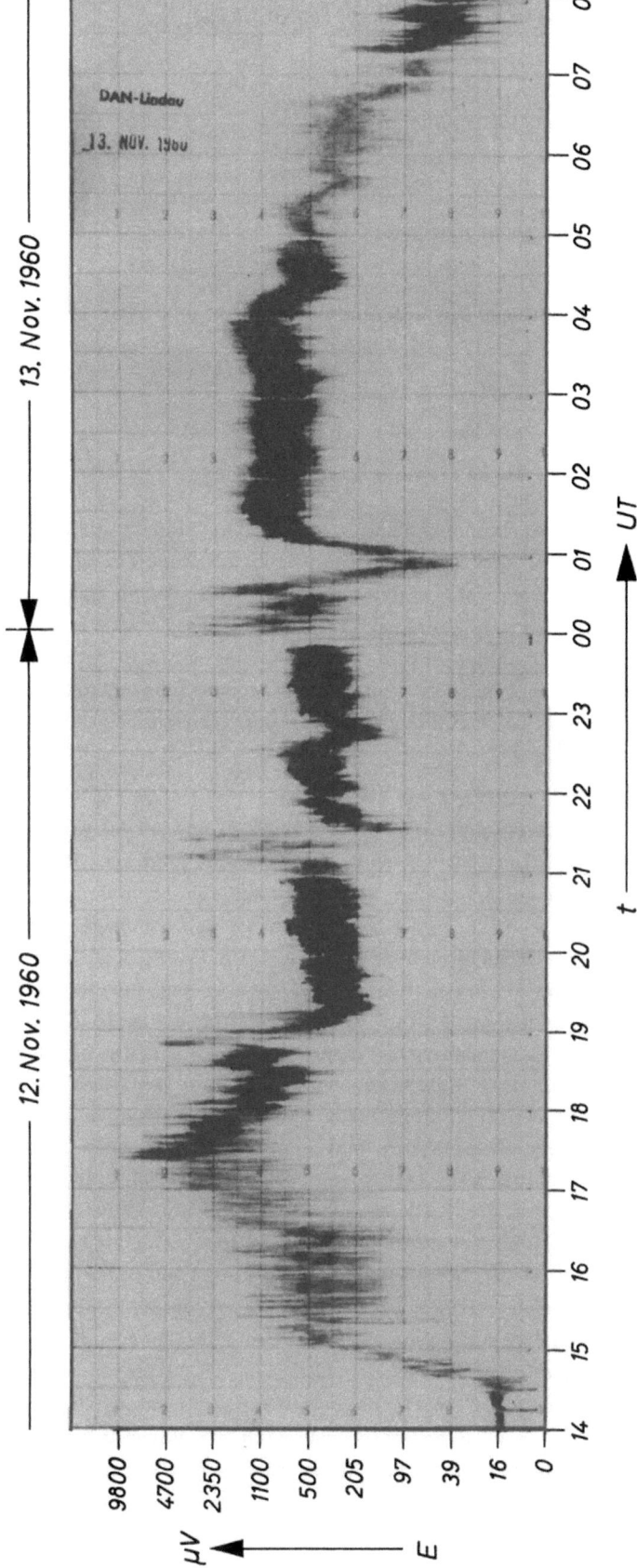

Abb. 28: Feldstärkeregistrierung auf 2,61 MHz während des Sturmes vom 12./13. November 1960.

4. 2. 5. Fernübertragung Sodankylä - Lindau (H. G. MÖLLER)

Zwischen dem Geophysikalischen Institut in Sodankylä 67°N 26°E und dem Institut in Lindau werden laufend folgende Messungen durchgeführt:

>   Impulsfernübertragungen [16], [17] mit veränderlicher
>   Frequenz im Frequenzbereich 1,6 - 22,4 MHz (6 Aufnahmen/h).

>   Impulsfernübertragungen auf fester Frequenz und zwar ab-
>   wechselnd auf 9,1 oder 13,6 MHz.

>   Dauernde Feldstärkeregistrierung auf 8,107 MHz.

Die Ergebnisse dieser Beobachtungen für den 12. November sind in Abb. 29, für den 14. November in Abb. 30 dargestellt. Für den 13. November kann die Darstellung entfallen, da keinerlei Zeichen zwischen den beiden Stationen übertragen wurden. In der oberen Spalte sind jeweils die höchste brauchbare Frequenz (MUF) und die niedrigste brauchbare Frequenz (LUF) wiedergegeben, die aus den Fernübertragungsionogrammen ermittelt wurden. In der mittleren Spalte ist die Feldstärke auf 8,107 MHz und der Störpegel, verursacht durch frequenzbenachbarte Sender, aufgetragen. In der untersten Spalte schließlich ist der Laufzeitumweg der Ionosphärenwellen gegenüber einer fiktiven Bodenwelle dargestellt.

Am 12. November steigt zunächst die LUF zwischen 08.00 und 09.00 h tageszeitlich bedingt an. Die Feldstärke, die im Mittel 10 - 20 dB über dem Störspiegel liegt, fällt gleichzeitig zwischen 06.00 und 09.00 h von dem relativ hohen Nachtwert auf den normalen Tageswert von etwa 40 dB. Bei Beginn des MDE um 10.25 h gehen Nutzfeldstärke und Störpegel auf 0 zurück. Gleichzeitig steigt die LUF in charakteristischer Weise an. Die MUF liegt während der ganzen Zeit oberhalb 16 MHz. Der rasche Wiederanstieg der Feldstärke und der Rückgang der LUF nach 14.00 h entspricht dem Abklingen des MDE. Der weitere Anstieg ab 14.15 h ist zunächst durch den normalen Tagesgang bedingt (Sonnenuntergang in Sodankylä). Etwa um 15.30 h beginnt sich die Störung bemerkbar zu machen. Die LUF steigt wegen der zunehmenden Absorption im Norden rasch an, die Nutzfeldstärke fällt unter den Störspiegel. Ab 17.00 h fällt auch die MUF rasch, und ab 17.30 h existiert kein Frequenzbereich mehr, in dem Übertragung zwischen Sodankylä und Lindau möglich wäre. Dieser Zustand hält bis zum 14. November gegen 12.00 h an. Dann setzt die Übertragung auf 13,6 MHz wieder ein, da diese Frequenz zufällig in dem relativ schmalen Bereich zwischen MUF und LUF liegt. Ab 15.00 h nimmt die Absorption rasch ab (Abfall der LUF!), gegen 17.30 h taucht das Nutzsignal auf 8,107 MHz aus dem Störspiegel auf. Der erneute Ausfall des Signals auf 8,107 MHz und das Aussetzen der Impulsübertragung auf 9,1 MHz von 18.00 bis 20.00 h fällt zusammen mit einer starken Verminderung der MUF, die offenbar bedingt ist durch eine starke Abnahme der kritischen Frequenz im Reflexionspunkt. Von 21.00 bis 22.30 h fällt das Nutzsignal nochmals aus durch Anstieg der LUF auf Werte über 8 MHz, während die Impulsübertragung auf 9,1 MHz noch durchkommt. Nach 23.00 h normalisieren sich die Verhältnisse. Auf der Strecke Sodankylä - Lindau verursachte die Störung somit einen Ausfall des Kurzwellenfunkverkehrs von rund 42 Stunden.

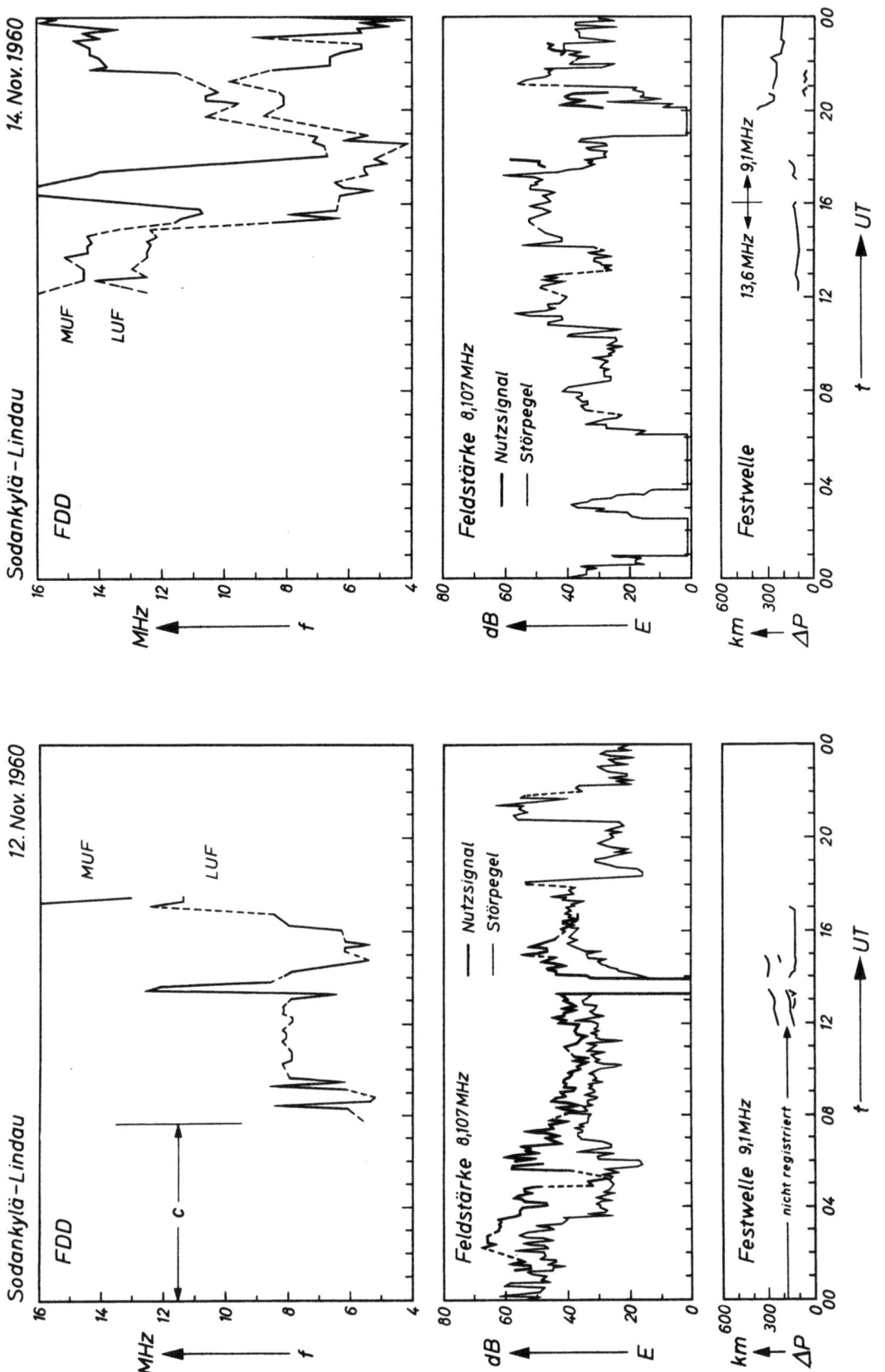

Abb. 29: MUF und LUF, Feldstärkemaß E auf 8,107 MHz und Lauf-Umweg der Ionosphärenwelle Δ P für die Strecke Sodankylä - Lindau am 12. November 1960.

Abb. 30: MUF und LUF, Feldstärkemaß E auf 8,107 MHz und Lauf-Umweg der Ionosphärenwelle Δ P für die Strecke Sodankylä - Lindau am 14. November 1960.

4.3. Polarlichtbeobachtungen (G. LANGE-HESSE)

4.3.1. UKW-Rückstrahlungen

Die UKW-Rückstrahlungsbeobachtungen am Polarlicht wurden von deutschen Funkamateuren [1] auf 144 MHz durchgeführt, die ein Beobachtungsnetz über ganz Deutschland erstellt haben und jeweils beim Auftreten oder schon bei bevorstehendem Auftreten von Polarlicht von einer zentralen Stelle benachrichtigt werden, um dann unverzüglich mit den Beobachtungen beginnen zu können.

Die oberste Darstellung in der Abb. 31 zeigt den Einfluß der Tageszeit auf das Auftreten von UKW-Rückstrahlungen am Polarlicht in Mitteleuropa. Für jedes Stundenintervall ist dort summiert über den Zeitraum von 1957 bis Oktober 1960 die Zahl der Verbindungen aufgetragen, die von deutschen Funkamateuren mit außerdeutschen europäischen Stationen durch Rückstrahlung am Polarlicht getätigt werden konnten. Auffällig dabei ist das scharfe Minimum gegen 20.00 h sowie ein breiteres Minimum von den frühen Morgenstunden bis gegen Mittag.

Die mittlere Darstellung zeigt gleichartige Beobachtungen wie die oberen, jedoch nur die während des starken erdmagnetischen Sturmes vom 6./7. Oktober 1960. Der Tagesgang der Werte jener beiden Tage ist etwa der gleiche wie der in der obersten Darstellung gezeigte summierte Gang über nahezu drei Jahre, der als Durchschnitt angesehen werden soll.

Ganz anders sieht dagegen der Tagesgang der entsprechenden Werte vom 12. bis 14. November aus. Dort ist kein Tagesgang, wie er der dreijährigen Summe (Durchschnitt) entspricht, zu erkennen. Zu bestimmten Tageszeiten, an denen im Durchschnitt relativ zahlreiche Verbindungen durch Polarlichtrückstrahlung möglich sind, konnten praktisch keine Verbindungen getätigt werden, so z.B. am 12. November von 23.00 bis 24.00 h, am 13. November von 13.00 bis 15.00 h und von 16.00 bis 18.00 h. Dagegen waren am 12./13. November zu bestimmten Tageszeiten Verbindungen möglich, an denen im Durchschnitt nur sehr wenige oder gar keine Rückstrahlungen aufzutreten pflegen, so z.B. am 12. November von 18.00 bis 20.00 h. Von 18.00 bis 19.00 h wurden am 12. November 51 Verbindungen getätigt, im Zeitraum über nahezu drei Jahre dagegen (oberste Darstellung) nur etwa 50. Von 19.00 bis 20.00 h wurden am 12. November 10 Verbindungen getätigt, im dreijährigen Zeitraum dagegen nur 7. Weiterhin wurden am 13. November von 10.00 bis 11.00 h (Zeit des starken s.s.c.) 29 Verbindungen getätigt, im dreijährigen Zeitraum dagegen nur eine.

Insgesamt gesehen traten also am 12./13. November bei der UKW-Polarlichtrückstrahlung, besonders im tageszeitlichen Gang, außergewöhnliche Erscheinungen auf, wie sie in dem zurückliegenden fast dreijährigen Beobachtungszeitraum nicht beobachtet wurden.

---

[1] Den deutschen Funkamateuren sowie dem DARC (Deutscher Amateur Radio Club), in dem sie zusammengeschlossen sind, sei für die wertvollen Beobachtungen bestens gedankt.

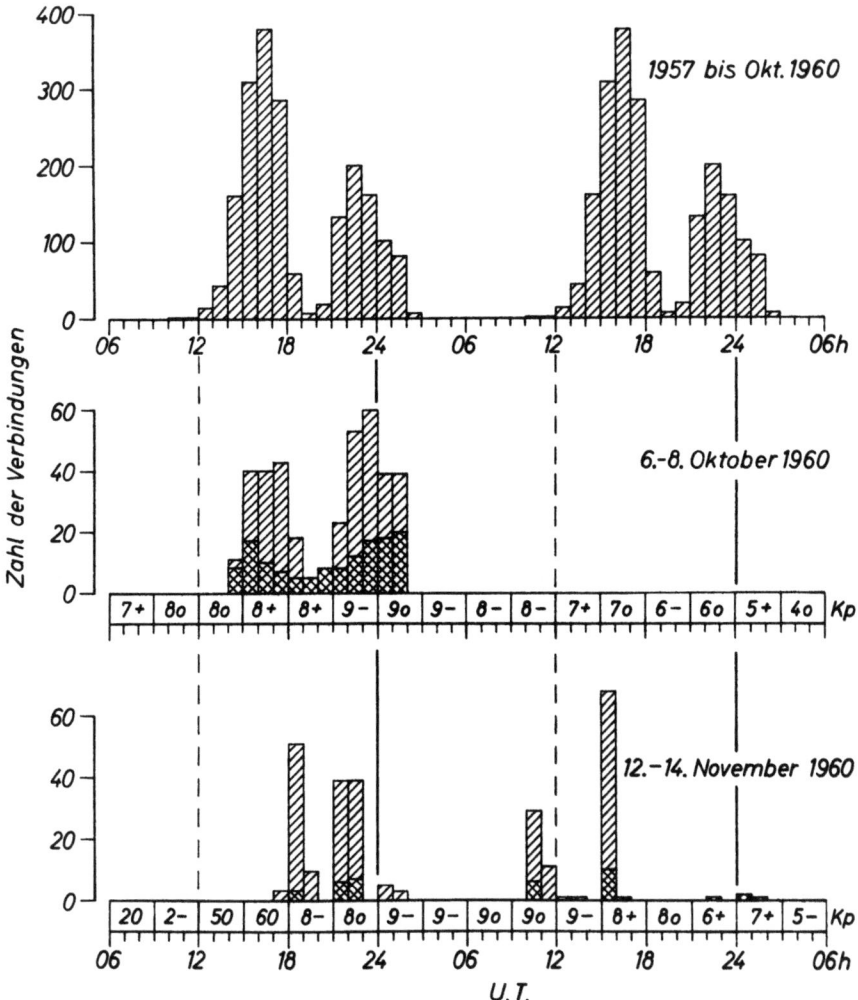

Abb. 31: Einfluß der Tageszeit auf die Häufigkeit des Auftretens von UKW-Verbindungen durch Rückstrahlung am Polarlicht.
a) Obere Darstellung: Summe aller Beobachtungen von 1957 bis Okt. 1960.
b) Mittlere Darstellung: Beobachtungen vom 6. bis 8. Okt. 1960.
c) Untere Darstellung: Beobachtungen vom 12. bis 14. Nov. 1960.

4. 3. 2. Korrelation mit Ionosphären-Senkrechtlotungen und Feldstärkemessungen

Das Auftreten von UKW-Polarlichtrückstrahlungen nach Sonnenuntergang am 12./13. November wird begleitet von starker Ionisierung im E-Niveau, wie aus den Senkrechtionogrammen von Lindau deutlich hervorgeht. Man beachte insbesondere die Ionogramme von 19.00, 21.15 - 21.30 h und die Ionogramme von 00.30 h und später. Zu den gleichen vorstehend genannten Zeiten treten auf der Übertragungsstrecke Norddeich - Lindau (Abb. 28) auf 2,61 MHz beachtliche Feldstärkeerhöhungen auf. Die genannte Ionisierung im E-Niveau dürfte durch Korpuskelstrahlung hervorgerufen worden sein, die neben den UKW-Rückstrahlungen (die einige 100 km nördlich vom Beobachtungsort stattfinden) auch im Raum von Lindau eine gut reflektierende Nordlicht-E-Schicht ausbildet, die zu den Feldstärkeerhöhungen auf 2,61 MHz führt.

Während der starken UKW-Polarlichtrückstrahlungen am 13. November in der Zeit kurz vor Mittag und in den Nachmittagsstunden deutet auf den Lindauer Ionogrammen (11.00 h Aufnahme und die Aufnahmen ab 15.45 h) das Auftreten von M-Reflexionen ebenfalls auf stärkere Ionisierung im E-Niveau hin, die offenbar nicht genau senkrecht über Lindau lag. Auch diese E-Ionisierung dürfte korpuskularen Ursprungs sein.

4. 3. 3. Optische Polarlichtbeobachtungen

Mit Beginn der starken erdmagnetischen Störung am 12. November gegen 17.45 h wurde in Nord- und Süddeutschland das Polarlicht optisch sichtbar; etwa gleichzeitig konnten die ersten UKW-Verbindungen durch Rückstrahlung am Polarlicht getätigt werden. Das optisch sichtbare Polarlicht dehnte sich in Europa nach bisher vorliegenden Meldungen bis nach Süddeutschland (Zugspitze, geomagneti-

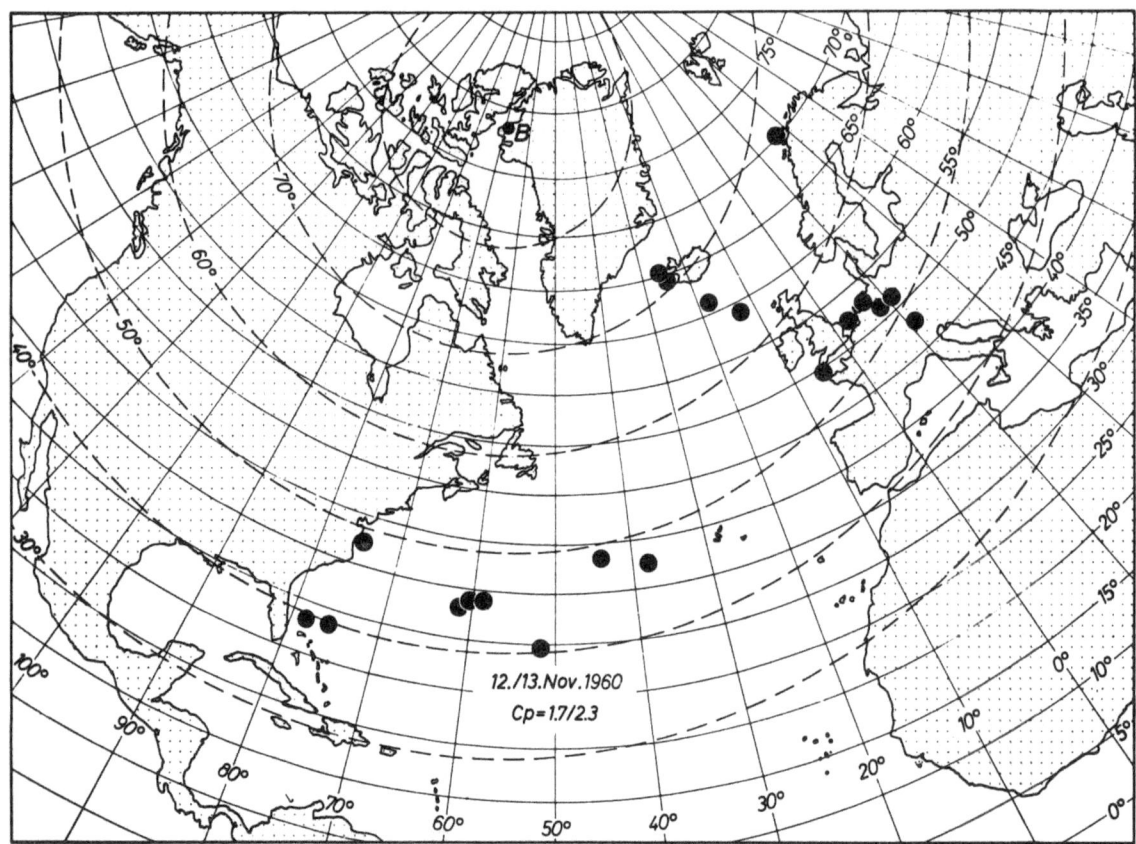

Abb. 32: Karte vom Nordatlantik mit Positionen deutscher Schiffe, an denen am 12./13. Nov. 1960 Polarlicht beobachtet werden konnte. B = Pol der magnetischen Erdachse. Die gestrichelten Linien stellen die auf B bezogenen geomagnetischen Breitenkreise dar.

sche Breite $\Phi = 48°$) [1] aus. Die Wetterlage erlaubte an diesem Tage in Norddeutschland bis etwa 23.00 h eine sichtbare Beobachtung. Anschließend war wegen Schichtbewölkung keine Beobachtung mehr möglich, in West- und Süddeutschland schon etwa 1 bis 2 Stunden vorher.

Im Nordatlantik wurde in polaren Breiten (geomagnetische Breite $\Phi \approx 63 - 72°$) von deutschen Schiffen Nordlicht von Nov. 12 d 15 h 00 m (Polarnacht!) bis Nov. 13 d 07 h 40 m beobachtet und in mittleren Breiten ($\Phi \approx 39 - 54°$) von Nov. 12 d 21 h 30 m bis Nov. 13 d 08 h 30 m [2]. Ein deutlicher Höhepunkt des sichtbaren Nordlichtes lag sowohl im östlichen wie westlichen Teil des Nordatlantiks am 13. November etwa zwischen 00.20 bis 01.00 h. Insgesamt gingen von diesem großen Nordlicht 16 Beobachtungsmeldungen deutscher Schiffe ein (siehe Abb. 32).

---

[1] Für die Beobachtung des sichtbaren Polarlichtes in Deutschland sei Herrn A. SPENGLER, Torfhaus im Oberharz, sowie der Wetterwarte Zugspitze des Deutschen Wetterdienstes bestens gedankt.

[2] Für die Sammlung des Polarlichtbeobachtungsmaterials deutscher Schiffe sei dem Seewetteramt Hamburg des Deutschen Wetterdienstes sowie den Schiffsbesatzungen für die wertvollen Beobachtungen bestens gedankt.

4.4. Kosmische Strahlung (A. EHMERT u. G. PFOTZER)

Als Folge der solaren Ereignisse zwischen dem 10. und 13. November 1960 wurden neben den anderen in diesem Heft beschriebenen terrestrischen Phänomenen auch ungewöhnliche Intensitätsschwankungen der Kosmischen Strahlung gemessen. Ihr Verlauf, wie er von den Apparaturen des Instituts für Stratosphärenphysik registriert wurde, soll im folgenden dargestellt und kurz kommentiert werden. Für diejenigen Leser, die dem speziellen Arbeitsgebiet der Kosmischen Strahlung etwas ferner stehen, wurden außerdem noch einige allgemeinere Erläuterungen in einem Anhang beigefügt.

4.4.1. Stationsdaten und Meßtechnisches

a) Lage der Station:

Geographische   Breite $\varphi = 51{,}6°$ N
                 Länge $\lambda = 10{,}1°$ E

Geomagnetische   Breite $\Phi = 52{,}3°$ N   (konventionell)
                 Länge $\Lambda = 95°$ E

b) Unterer Grenzwert der magnetischen Steifigkeit R (S. 69)
(geomagnetisches Abschneiden bei ungestörtem Magnetfeld):
Halbempirischer Wert nach QUENBY u. WEBBER [18]:   R = 2,38 GV
Dieser entspricht einer Abschneideenergie (kinetisch)

für Protonen: $E_{a,p} = 1{,}62$ GeV
für α-Teilchen: $E_{a,\alpha} = 2{,}29$ GeV

Äquivalente geom. Breite für diese halbempirischen Grenzwerte: $\Phi^* = 51°$ N
Höhe der Station: 140 m. ü. M.

c) Die Neutronenkomponente.

Die Neutronenkomponente der Kosmischen Strahlung wurde mit einem Duplex-Standard-Monitor nach J.A. SIMPSON et al. [19] registriert. Über ihre Intensitätsschwankungen im Monat November 1960 gibt Tabelle V (S. 63) Aufschluß. Sie enthält zweistündige Zählraten und deren Tagesmittel, dargestellt als Abweichungen in ‰ von einem Normwert 51 500 (Zählstöße /2h). Dieser hat keine inhärente Bedeutung, sondern dient nur der Homogenisierung des seit 1956 gesammelten Materials.

Für den Zeitraum der ungewöhnlichen Schwankungen zwischen dem 12. und 16. November wurden viertelstündige Zählraten (10-fach untersetzt) in Tabelle VI (S. 64) eingetragen. Alle Werte sind auf einen Luftdruck von 740 Torr bezogen. Die Umrechnung auf diesen Normaldruck erfolgte nach der Formel:

$$N(740) = N(B)\, e^{-0{,}093\,(B-740)}$$

Dabei ist N(B) die beim Luftdruck B Torr registrierte Zählrate und N(740) der normalisierte Wert.

d) μ-Mesonenkomponente

Die μ-Mesonen wurden mit zwei Dreifach-Koinzidenzteleskopen kubischer Geometrie [20] registriert. Diese bestehen beide aus drei horizontalen Zählrohrlagen von je 42 x 42 cm^2 Fläche und einem vertikalen Abstand der äußersten Lagen (von Zählrohrmitte zu Zählrohrmitte) von ebenfalls 42 cm. Zwischen den Zählrohrlagen befindet sich eine Absorberschicht von insgesamt 10 cm Blei.

In Tabelle VII (S.66) findet man zunächst wieder die Monatsübersicht der zweistündigen Zählraten für November 1960. Der Normwert beträgt hier 109 000 (Koinzidenzen /2h). Die Daten mit besserer Zeitauflösung im Zeitraum vom 12. bis 15. November sind in Tabelle VIII (S.67) eingetragen. Sie beziehen sich auf Zeitintervalle, in denen jeweils 10 000 Koinzidenzen registriert wurden. Die Intervallbreiten schwanken daher statistisch. Ihr Mittelwert liegt bei rd. 12 Minuten.

Die tabellierten Daten bedeuten also:

Zählrate im Intervall Δt, ausgedrückt in
Koinzidenzen pro Minute = 10 000/ Δt.

Zu den geraden vollen Stunden (0, 2, 4 ... h GMT) wird die hier benutzte Festwertregistrierung kurz unterbrochen, weil die Untersetzer nach dem mechanischen Ausdrucken zweistündiger Zählraten wieder auf Null zurückgestellt werden. Dabei wird jeweils auch der meist erst teilweise gefüllte "10 000"-Speicher entleert. Das betreffende Zeitintervall fällt daher als reziprokes Maß für die Zählrate aus. Alle Zählraten der Mesonen wurden wie die der Neutronen auf konstanten Luftdruck von 740 Torr umgerechnet. Der Barometerkoeffizient beträgt:

$$\frac{\Delta M/M}{\Delta B} \cdot 1000 = -2,55 \text{ \textperthousand/Torr}$$

wobei ΔM die Korrektur der beim Barometerstand B registrierten Koinzidenzrate M und ΔB = (740-B) Torr die Abweichung des Barometerstandes B vom Bezugswert bedeuten. Die Korrektur der Mesonen für einheitliche Temperaturverteilung in der Atmosphäre wegen des Mesonenzerfalls ist in die Tabellen VII (S.66) und VIII (S.67) nicht aufgenommen. Diese Korrektur wird an Hand der Temperaturmessungen mit meteorologischen Radiosonden ermittelt [21]. Es stehen nur zwei Werte für jeden Tag zur Verfügung, und ihre Genauigkeit ist für den Einzelwert nicht sehr gut. Durch Erwärmung der Atmosphäre ist vom 10.11.60 bis zum 20.11.60 eine zeitlineare Abnahme der Mesonen um 1,6 ‰ pro Tag zu erwarten. Da der Einfluß der Lufttemperatur in Bodennähe nur sehr gering ist, resultierten keine kurzzeitigen Schwankungen des Temperatureinflußes. Er wurde deshalb in den folgenden Untersuchungen vernachlässigt.

e) Darstellung der Schwankungen

In Abb. 33 sind die Registrierungen zwischen dem 12. und 16. November mit der Zeitauflösung von 15 bzw. etwa 12 Minuten dargestellt. Dabei wurde der Ordinatenmaßstab für die prozentualen Schwankungen der Mesonen 2,7 mal so groß gewählt wie für diejenigen der Neutronen. Als Einheit wurde in beiden Fällen Zählstöße bzw. Koinzidenzen pro 15 Minuten gewählt. Das entspricht unserer

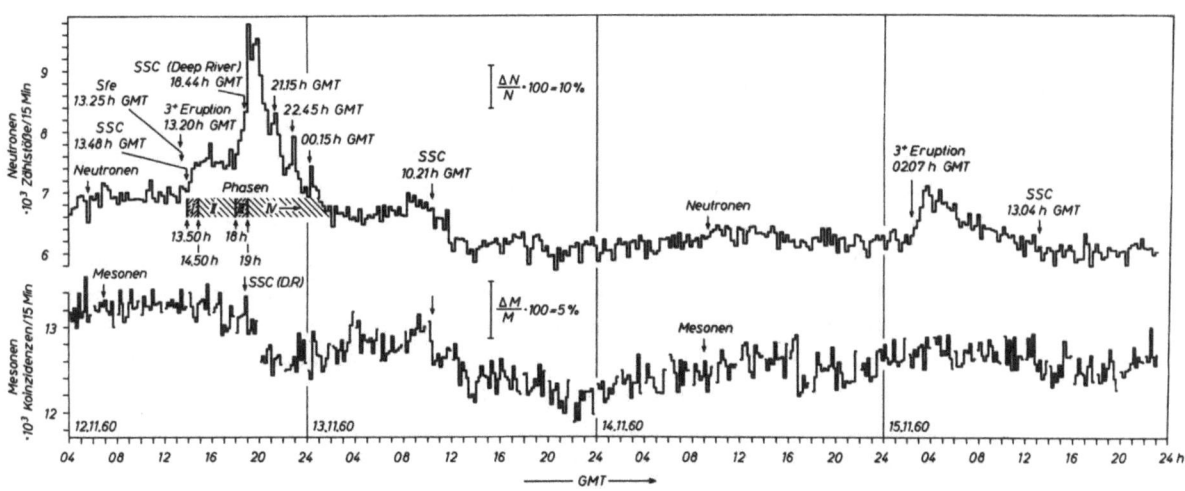

Abb. 33: Viertelstündliche Zählraten der Neutronen und Mesonen zwischen dem 12. und dem 16.11.60

Normaldarstellung, die auf der Erfahrung beruht, daß dann bei isotropen Modulationen rein galaktischer Strahlung die Neutronen- und Mesonenkurve durch Parallelverschiebung zur Deckung gebracht werden können, wenn man auch noch die Korrektur für den Mesonenzerfall berücksichtigt [21]
Es gilt dann angenähert:

$$\frac{\Delta N(t)}{N} \bigg/ \text{galakt., isotrop} = 2{,}7 \cdot \frac{\Delta M(t)}{M} \bigg/ \text{galakt., isotrop}$$

wenn mit $\Delta M(t)$ und $\Delta N(t)$ die Schwankungen der Mesonen- bzw. Neutronenzählraten M und N bezeichnet werden. Im vorliegenden Fall änderten sich Neutronen- und Mesonenkomponente sehr unterschiedlich, weil am 12.11.60 und am 15.11.60 solare Korpuskeln einfielen, deren Energien genügend hoch waren, um die Neutronenerzeugung in der Atmosphäre stark zu erhöhen, aber doch nicht hoch genug, um auch die Intensität der μ-Mesonen merklich anzuheben. Ferner wird das Gesamtbild noch dadurch kompliziert, daß als Folge der solaren Ereignisse auch noch ortszeitliche Tagesgänge, d.h. anisotrope Modulationen der galaktischen Strahlung, auftraten. (vgl. 4.4.5)

4.4.2 Charakteristika der Intensitätsschwankungen am 12. November und ihre Deutung.

a) Die verschiedenen Phasen des Ereignisses.

Der Eruptions-Effekt (im englischen Sprachgebrauch "flare") am 12. November 1960 war neben dem bisher stärksten Eruptions-Effekt am 23. Februar 1956 einer der interessantesten, die seitdem erfaßt werden konnten. Er soll daher relativ ausführlich behandelt werden. Der Anstieg am 15. November unterschied sich dagegen weniger von den bisher bekannten Fällen und bedarf daher einer nur kurzen Erläuterung.

Der chronologische Ablauf des Ereignisses bezüglich der Kosmischen Strahlung begann am 12.11.1960 mit einem klar erkennbaren Anstieg der Neutronenzählrate im Intervall 14.15 h bis 14.3o h GMT (Abb. 33). Der genaue Zeitpunkt des Beginns, der durch die statistischen Schwankungen verdeckt ist, dürfte aber noch etwas früher anzunehmen sein. Versucht man, ihn aus der Steigung des Intensitätsverlaufs rückwärts zu extrapolieren, so kommt man auf eine Zeit zwischen 13.4o h und 13.5o h GMT.

Dieser Intensitätsanstieg in der Größenordnung einiger Prozent ist auf den Einfall schneller Korpuskeln, hauptsächlich von Protonen und wahrscheinlich auch eines gewissen Anteiles von α-Teilchen zurückzuführen, die beim Aufleuchten einer "3[+] Eruption" (s. 4.4.2 b, nächste Seite) auf der Sonne beschleunigt und emittiert wurden. (Charakteristika und Chronologie der solaren Phänomene. Vgl. den Artikel von ATHAY [22]).

Im Verlauf des Intensitätsanstiegs der Neutronen lassen sich 4 Phasen unterscheiden:

1. Phase: 13.5o h - 14.5o h GMT, Einsatz des Effekts, mäßiger Anstieg der Neutronenzählrate um rd. 7% (bezogen auf den Teilchenfluß vor dem Ereignis).

2. Phase: 14.5o h - 18.oo h GMT, geringe Änderungen der Zählraten bis auf eine Spitze zwischen 15.45 h und 16.oo h GMT, die sich zwar nur wenig von den statistischen Schwankungen abhebt, aber offenbar signifikant ist, weil zum gleichen Zeitpunkt auch an allen anderen Stationen eine ähnliche Spitze auftrat.

3. Phase: 18.oo h - 19.oo h GMT. In diesem Intervall wurde ein erneuter, mäßig steiler Anstieg der Neutronenzählrate registriert. Seine Bedeutung und auch die des sehr steilen Anstieges in der folgenden 4. Phase lassen sich nur verstehen, wenn auch der Intensitätsverlauf an anderen Stationen in verschiedenen geomagnetischen Breiten mit einbezogen wird. Danach ergibt sich als Charakteristikum der 3. Phase, daß die Zählraten in hohen Breiten (> 58° geom.) abnahmen, in mittleren Breiten (45° bis 57°) dagegen anstiegen. (Abnahme z.B. in Uppsala [23] und an den kanadischen Stationen Deep River, Sulphur Mountain und Fort Churchill [24], Zunahme auf der Zugspitze, in Prag, Lindau, London, Leeds [25] und in Chicago [26]). Hieraus kann geschlossen werden, [24, 25], daß der Strahlungsfluß außerhalb

der Magnetosphäre, der den Zustrom der Teilchen an allen Stationen speiste, im ganzen abnahm, daß aber eine allmähliche Absenkung der geomagnetischen Energieschwelle (cut off) von 18.oo h GMT an erfolgte. Als Folge davon trafen nun in mittleren Breiten auch relativ energiearme Teilchen ein, die vorher durch das Magnetfeld abgeschirmt worden waren. Diese "Öffnung der Schleusen" führte zu zonalen Anstiegen des Teilchenflusses, obwohl der außerterrestrische Strahlungspegel schon im Sinken begriffen war. In höheren Breiten, wo diese Teilchen schon vorher bei ungestörtem Magnetfeld eintreffen konnten, wirkte sich dagegen die Senkung der Abschneideenergie nicht nachweislich aus. Das Absinken der Energieschwelle dokumentiert sich in allen Magnetogrammen durch starke Änderungen der Feldkomponenten (vgl. z.B. die Göttinger Registrierungen nach Bartels, S. 13 u. 14), doch sind die Korrelationen zwischen den Magnetfeldstörungen und den einzelnen Phasen des Eruptionseffektes der Kosmischen Strahlung am augenfälligsten in den Registrierungen äquatorialer Stationen auf der Nachtseite der Erde. (Starke Abnahme der H-Komponente z.B. in Colombo, Ceylon [25]).

4. Phase: Ab 19.oo h GMT. Um 19.oo h GMT setzte ein sehr steiler Intensitätsanstieg der Neutronen um $\frac{\Delta N}{N}$ = 39% des Normalwertes ein. Dieser trat nunmehr im Gegensatz zur Phase 3 an allen Stationen auf. Hieraus muß geschlossen werden, daß der Teilchenfluß außerhalb der Magnetosphäre rapid angestiegen war. Man könnte nun als Ursache zunächst einen erneuten Partikelausbruch von der Sonne vermuten. Dagegen spricht aber das Fehlen von Begleiterscheinungen, durch die solche Ereignisse immer angezeigt werden, vor allem der Typ IV-Ausbruch des Radio-Kontinuums. Auch in der optischen Erscheinung konnte um diese Zeit nichts Auffallendes mehr beobachtet werden.

Der Schlüssel für das Verständnis dieses Phänomens liegt nun im gleichzeitigen Auftreten starker Magnetfeldstörungen mit nachfolgendem Forbush-Effekt.

Aus dem Göttinger Magnetogramm (Sturmregistrierung S. 14) läßt sich ablesen, daß genau um 19.oo h GMT ein Maximum der Feldstörung auftrat. Noch deutlicher wird dieser Zeitpunkt in der Magnetfeldregistrierung von Deep River (Kanada) durch den Beginn eines abrupten Anstieges der Horizontalkomponente hervorgehoben [24]. Darauf folgte 19.3o h GMT der erwähnte Forbush-Effekt, der aber nur in den Mesonenregistrierungen direkt zu erkennen und bei den Neutronen durch die solare Komponente verdeckt ist (Abb. 33).

b) Die kausalen Zusammenhänge zwischen den solaren und terrestrischen Erscheinungen lassen sich nur anhand einer Vielzahl von Registrierungen im Rahmen des weltweiten Stationsnetzes für die Überwachung der Kosmischen Strahlung erkennen. Diese wurden besonders auf den Tagungen in Florenz [27] und Kyoto [28] eingehend diskutiert. Daraus ergab sich für das Ereignis am 12. November das folgende Bild: In dem außergewöhnlichen aktiven Fackelgebiet der McMath-Plage-region 5925 ereignete sich am 10.11.60 zwischen 10.o9 h und 16.o8 h GMT eine Eruption der Klasse 3^+ (optimale Phase 10.21 h GMT, heliogr. Koord.: N 29, E 29), die von einem mäßigen Kurzwellenausbruch vom Typ IV (Radio-Kontinuum) begleitet war. Dabei wurde vermutlich nur ein unmagnetischer Strahl ("beam") ausgestoßen, da er am 12.11.60 um 13.48 h GMT zwar einen ssc (sudden storm commencement), aber keinen Forbush-Effekt verursachte.

Am 11.11.60 wurde im gleichen Fackelgebiet eine 2^+ Eruption zwischen 03.o5 h und 04.23 GMT (optimale Phase um 03.4o h GMT, heliogr. Koord.: N 29, E 12) gleichzeitig mit einem außergewöhnlich starken Typ IV-Ausbruch ("burst") beobachtet. Von der Eruptionsregion ging nun sehr wahrscheinlich ein magnetischer Strahl aus, der am 12.11.60 um 18.48 h GMT einen ssc und um 19.3o h GMT den Forbush-Effekt verursachte (vgl. die Mesonenkomponente in Abb. 33). Während nun dieser Korpuskelstrahl von dem oben genannten Fackelgebiet aus nach der Erde zu expandierte, ereignete sich am 12.11.60 erneut eine 3^+ Eruption (13.15 h bis 19.22 h GMT) in der gleichen Region. (Optimale Phase 13.3o h GMT, starker Typ IV-Ausbruch, heliogr. Koord. N 23, W 01).

Von diesem wurden schnelle Protonen und α-Teilchen erzeugt und mit größter Wahrscheinlichkeit in den magnetischen Plasmastrahl injiziert.

Vermutlich diffundierte dann ein gewisser Anteil sofort wieder heraus und verursachte um 13.4o h GMT den Anstieg der Neutronenerzeugung, während der Rest im Magnetfeld des Strahls, das man mit einer expandierenden Blase vergleichen kann, gebunden blieb und mitgeführt wurde.

Gegen 18.oo h GMT hatte sich die Front dieser "magnetischen Blase" der Erde soweit genähert, daß sie eine Herabsetzung der erdmagnetischen Abschneideenergie bewirken konnte. Von 19.oo h GMT an war die Erde schließlich von dem magnetischen Plasma umschlossen und konnte nun auch von den Teilchen erreicht werden, die darin gespeichert waren. Dadurch kam der steile Anstieg der Neutronenintensität um 19.oo h GMT zustande. Etwas später (19.3o h GMT) wurde ein Teil der galaktischen Kosmischen Strahlung wirksam abgeschirmt, was den schon erwähnten Forbush-Effekt zur Folge hatte (Abfall des Mesonenflusses).

Dem Abklingvorgang in dieser 4. Phase überlagerten sich in mittleren Breiten kurzzeitige Anstiege um 21.15 h, 22.45 h und 00.15 h GMT, die in hohen Breiten nicht registriert wurden. Das kann ebenso wie der Anstieg in der Phase 3 so gedeutet werden, daß die geomagnetische Abschneideenergie zeitweilig herabgesetzt war. Die Abstände der Spitzen betrugen ziemlich genau 1 1/2 Stunden. Diese Quasiperiodizität scheint auf die Wirkung hydromagnetischer Oszillationen hinzuweisen, die das Erdmagnetfeld empfindlich störten. Jeder Spitze kann eindeutig eine Abnahme der H-Komponente in Äquatornähe (Nachtseite, vgl. [25]) zugeordnet werden.

Als weitere Folgeerscheinung der 3^+ Eruption vom 12.11.60 ist der Forbush-Effekt zu erwähnen, der sich am 13.11.60 um 10.21 h GMT durch eine Depression der Neutronen- und Mesonenintensität äußerte. Daraus kann man schließen, daß auch von dieser Eruption ein magnetischer Strahl ausging, der die galaktische Kosmische Strahlung modulierte. Er enthielt sehr wahrscheinlich, wie von ROEDERER et. al. [29] überzeugend dargestellt wurde, selbst keine schnellen solaren Protonen, sondern fegte offenbar auch noch den Rest solcher Teilchen hinweg, die im alten expandierten Strahl vom 11.12. noch gespeichert waren.

Das äußerte sich in der Wiedereinstellung einer fast normalen Linearbeziehung zwischen den Schwankungen der Neutronen- und Mesonenintensität, die für die galaktische Strahlung charakteristisch ist (vgl. 4.4.5, Abb. 37). In höheren Breiten, wo die Neutronenintensität als Folge solarer Strahlung noch stärker überhöht war, erfolgte die Normalisierung mit Einsatz des Forbush-Effektes sprunghaft [29].

4.4.3 Der Eruptionseffekt vom 15.11.60

Die weitere Entwicklung ist nun so zu deuten, daß sich durch den oben erwähnten Strahl ein weitgehend geordnetes Magnetfeld von der aktiven Fackelregion bis über die Erdbahn hinaus ausgebildet hatte, das bis zum 15.11. noch wenig gestört war.

In dieser Situation erfolgte eine weitere 3^+ Eruption am 15.11.60, die von 02.o7 h bis 04.27 h GMT, mit der optimalen Phase um 02.21 h GMT, beobachtet wurde (heliogr. Koord.: N 26, W 33). Diese war von einem starken Typ IV-Ausbruch begleitet und erzeugte ebenfalls schnelle Korpuskeln, die auf der Erde einen sehr steilen Anstieg der Neutronenintensität, namentlich in höheren Breiten, verursachten. Die Mesonenintensität wurde dagegen nicht merklich beeinflußt. Der Beginn des Effekts in Lindau fiel in den Zeitraum zwischen 02.3o h und 02.45 h GMT.

Die große Steilheit des Anstieges und seine geringe Verzögerung gegenüber der Eruption ist sehr wahrscheinlich darauf zurückzuführen, daß die Teilchen in dem geordneten interplanetaren Magnetfeld sehr gute Ausbreitungsbedingungen vorfanden und sich auf nahezu direktem Wege parallel zu den magnetischen Kraftlinien auf die Erde zu bewegten.

4.4.4 Der Abklingvorgang

Bei früheren Intensitätsanstiegen (ganz besonders klar ausgeprägt am 23.2.1956) erfolgte das Abklingen der solaren Partikelstrahlung nach einem Hyperbelgesetz von der Form [30, 31]

$$\Delta I(t) \sim t^{-\gamma}$$

wobei $\Delta I(t)$ die Intensität der solaren Strahlung zur Zeit t bedeutet. Die Zeit ist dabei von der Maximalphase der Eruption an zu zählen [31] (eigentlich vom Zeitpunkt der Entstehung der Teilchen). Soweit die Effekte bisher groß genug waren, d.h. soweit die statistischen Schwankungen eine analytische Darstellung des Abklingvorganges genügend lange zuließen, war ein Exponent $\gamma \approx 2$ mit dem gemessenen Intensitätsverlauf gut verträglich. Wie Abb. 34 zeigt, gilt das auch für den Abklingvorgang am 12.11.60, wenn man die kurzdauernden Spitzen, die durch die Störungen des Erdmagnetfeldes zu erklären sind, ausnimmt (4.4.2b, S. 57). Der Effekt in Lindau war nicht groß genug (maximal 39% des Normalwertes), um den Exponenten besser als im Bereich $2 \leq \gamma \leq 2,3$ einzugrenzen, doch scheint nach den Registrierungen in hohen Breiten (wo die Intensität wesentlich höher war) der Schwerpunkt näher bei $\gamma = 2,3$ zu liegen.

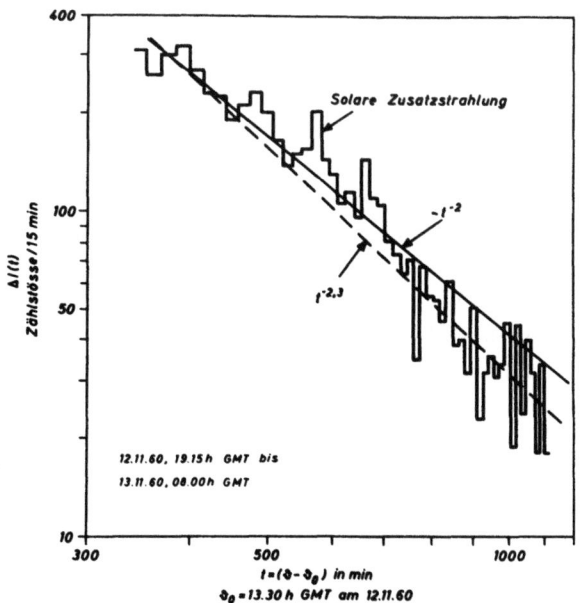

Abb. 34: Das Abklingen der solaren Zusatzstrahlung am 12.11.60 nach Erreichen des Maximums. Die gestrichelte und die ausgezogene Gerade entsprechen Abklinggesetzen $\sim t^{-2,3}$ bzw. t^{-2}.

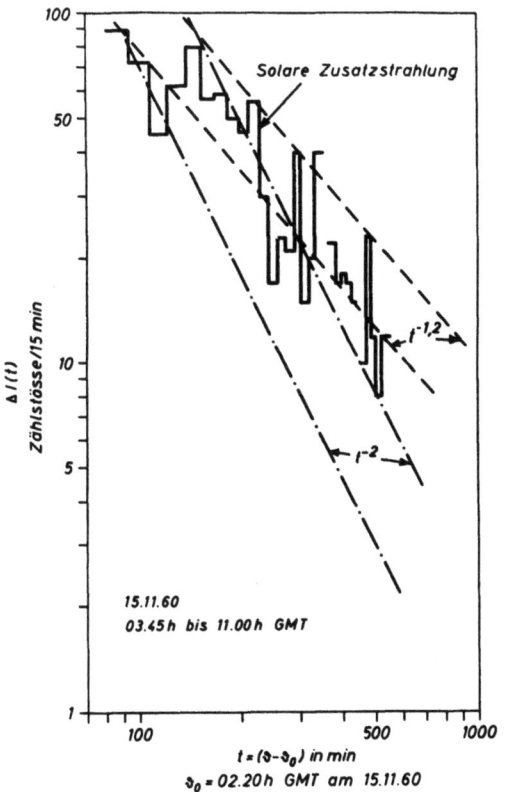

Dieses Gesetz mit dem Exponenten $\gamma \approx 2$ wird nun bei dem Effekt am 15.11.60 durchbrochen (Abb. 35). Obwohl die Zusatzstrahlung in Lindau im Maximum nur 13% des Normalwertes ausmachte, und die statistischen Fehler dementsprechend stark ins Gewicht fallen, ist ein Exponent $\gamma \approx 2$ mit den Messungen sicherlich nicht verträglich [+)] (vgl. die eingezeichneten Geraden für $\gamma = 1,2$ und $\gamma = 2$).

Tatsächlich findet man auch für die Stationen in höheren Breiten ganz klar $1,1 \leq \gamma \leq 1,25$ (z.B. Mc Murdo [32], Thule [32], Uppsala [23], Deep River [24], Chicago [26]). Bei dem Ereignis am 23.2.56 wurde jedoch die volle Steilheit des Abklinggesetzes an manchen Stationen auch erst nach Stunden erreicht [31], an manchen sehr rasch, so daß hier für den 15.11.60 eventuell auch eine solche Verzögerung möglich ist und den mittleren Exponenten herabsetzt.

[+)] In Ref. [35] wurde infolge eines Versehens bei der zeichnerischen Darstellung auch für das Ereignis am 15. irrtümlicherweise $\gamma = 2$ angegeben.

Abb. 35: Das Abklingen der solaren Zusatzstrahlung am 15.11.60. Man erkennt, daß der Abklingvorgang flacher verläuft als einem t^{-2} Gesetz entspricht.

4.4.5 Die Modulationen

In 4.4.1e wurde bereits erwähnt, daß die relativen Schwankungen der Neutronen- und der voll korrigierten Mesonenkomponente sich normalerweise wie 2,7 : 1 verhalten. Die Forbushabnahmen der Intensitäten treten dabei zu gleicher Weltzeit an allen Stationen auf, was soviel heißt, daß die Modulationen weltweit sind, oder auch, daß der modulierende Einfluß isotrop wirkt. Ein Teil der weltweiten Störungen bei magnetischen Stürmen ist nun aber von einer Tagesschwingung der Intensität begleitet, welche ebenfalls weltweit auftritt, deren Maxima und Minima an den verschiedenen Stationen jedoch zu gleichen Ortszeiten registriert werden [33, 36]. Das deutet zweifellos auf anisotrope Modulationen hin, über deren Ursachen zur Zeit aber noch wenig bekannt ist. In diesen Fällen verhalten sich die relativen Schwankungen der Neutronen- und Mesonenkomponente nahezu wie 1 : 1.

Solche anisotrope Modulationen wurden auch nach dem Forbush-Effekt am 13.11.60, 19.3o h GMT, gemessen. Das geht aus Abb. 36 hervor, in der die zweistündigen Zählraten für die Neutronen

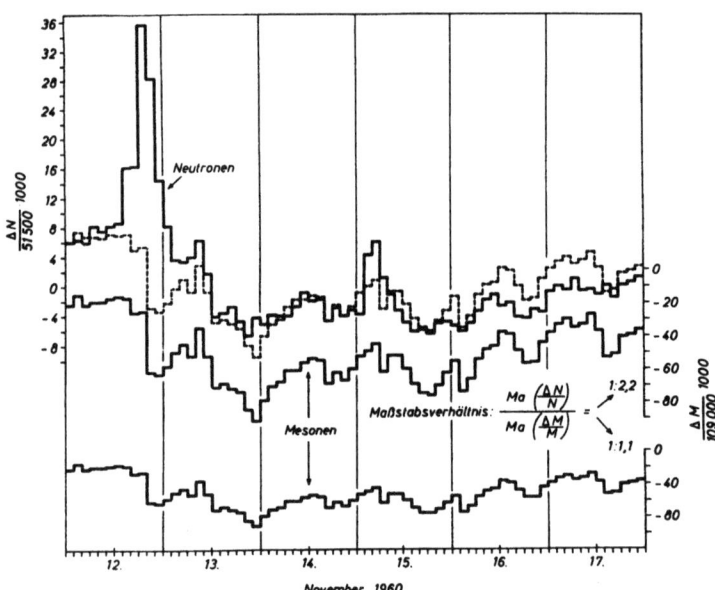

Abb. 36: Zweistündliche Zählraten der Neutronen und Mesonen vom 12. bis 17. November 1960. Die Mesonenzählraten sind gegen 2 verschiedene Ordinatenmaßstäbe aufgetragen, daß sich ihre relativen Änderungen im Vergleich zu denen der Neutronen wie 2,2 : 1 (obere Kurve) und 1,1 : 1 (untere Kurve) darstellen. Die obere Kurve wurde so parallel verschoben, daß sie sich mit der Neutronenkurve vor dem Eruptionseffekt deckt. Das ist auch unmittelbar nach dem Effekt wieder der Fall, aber später divergieren die Kurven stark, ein Zeichen, daß sich die Ausbreitungsbedingungen im interplanetaren Raum für die galaktische Kosmische Strahlung geändert haben.

und Mesonen vom 12. bis zum 17. November aufgezeichnet sind. Die Mesonenkurve ist zweimal mit verschiedenen Ordiantenmaßstäben gezeichnet, die sich zu dem Ordinatenmaßstab für die Neutronen wie 1,1 : 1 , bzw. 2,2 : 1 , verhalten. Um den Sinn dieser Darstellung verständlich zu machen, wurden in Abb. 37 die zweistündigen Zählraten der Neutronen (Tabelle V, S. 63) gegen die der Mesonen (Tabelle VII, S. 66) aufgetragen.

Die Punktwolke rechts oben entspricht den Zählraten vom 11.11.60 00.oo h bis zum 12.11 13.oo h GMT. Mit dem Einsatz des Eruptionseffektes (zwischen 13.oo h und 15.oo h GMT) steigen die Neutronenzählraten an (gestrichelter Linienzug) und nähern sich am 13.11.60 von 05.oo h GMT ab allmählich der Regressionsgeraden, die durch die Punktwolken oben rechts und unten links definiert ist.

Bis 09.oo h GMT liegen die Punkte noch durchweg über der Geraden, ein Zeichen, daß noch solare Strahlung überlagert ist. Um 10.21 h GMT setzt der Forbush-Effekt ein, wobei nicht nur die Intensität der galaktischen Strahlung abnimmt, sondern, wie schon in 4.4.2b erwähnt wurde, auch noch der Rest solarer Strahlung "fortgeblasen" wird. Von 13.oo h GMT am 13.11.60 bis 01.oo h GMT am 15.11.60 lag nur galaktische Strahlung vor. Die Regressionsgerade repräsentiert daher

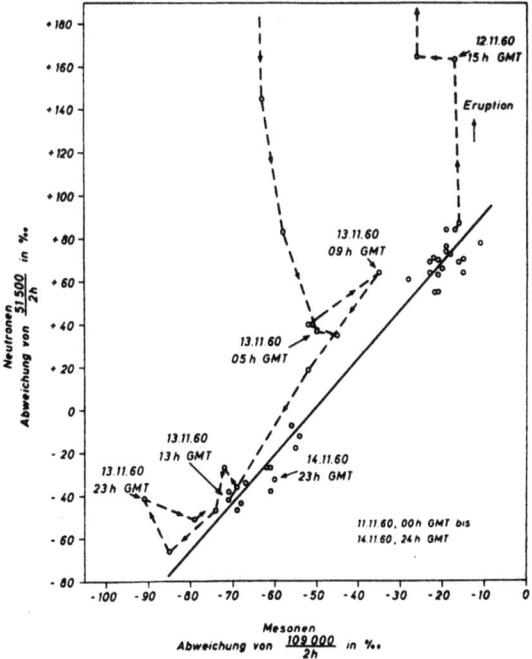

Abb. 37: Regressionsgerade der Korrelation zwischen der Änderung der Neutronen- und Mesonenintensität für die Zeit vom 11. 11. 60, 0 h bis 14. 11. 60, 24 h GMT. Mit dem Einsatz des Flare-Effektes wird der Zusammenhang gestört (gestrichelte Kurve), und nach seinem Abklingen stellt sich wieder eine fast normale Korrelation ein (untere Punktwolke).

die Korrelation zwischen den Mesonen und Neutronen der galaktischen Strahlung während des Eruptionseffektes bis zum Minimum des Forbush-Effektes. Es gilt:

$$2,2 \cdot \frac{\Delta M}{M} = \frac{\Delta N}{N}$$

für galaktische Strahlung von 00.oo h GMT am 12. 11. 60 bis 14. oo h GMT am 13. 11. 60. Dem entspricht in Abb. 36 die Kombination der Neutronenkurve mit der oberen Mesonenkurve. Für die Zeit vom Forbush-Effekt über den Eruptionseffekt am 15. 11. hinweg bis zum 17. 11. 24. oo h GMT ergibt sich eine Regressionsgerade (Abb. 38), nach der in diesem Zeitraum die relativen Schwankungen der Mesonen praktisch ebenso groß sind wie die der Neutronen. Es gilt hier:

$$1,1 \cdot \frac{\Delta M}{M} = \frac{\Delta N}{N}$$

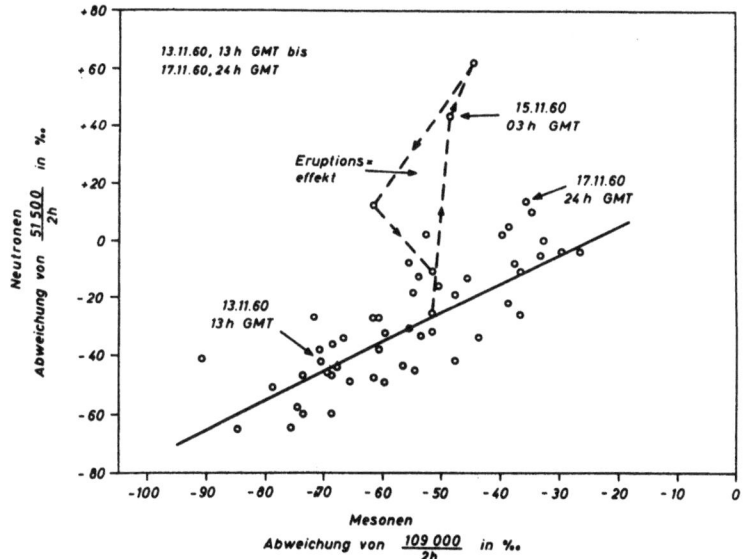

Abb. 38: Regressionsgerade der Korrelation zwischen der Änderung der Neutronen- und Mesonenintensität vom 13.11. 1960, 13 h bis 17. 11. 60, 24 h GMT. Ihre Steigung ist nur halb so groß wie die der Regressionsgeraden nach Abb. 37. Der Eruptionseffekt vom 15.11. hebt sich wieder deutlich ab.

Diesem Schwankungsverhältnis ist der Ordinatenmaßstab der unteren Mesonenkurve in Abb. 36 angepaßt. Auf Grund dieser Analyse sollten die Neutronen- und Mesonenkurven für galaktische Strahlung durch Parallelverschiebung zur Deckung gebracht werden können, wenn man bis 13.11. 14.oo h GMT die obere Mesonenkurve und von da an die untere zugrunde legt. Das ist in Abb. 39 durchgeführt. Man erkennt, daß in den Zeiten, wo allein galaktische Strahlung einfällt, der Gleichlauf der Kurven

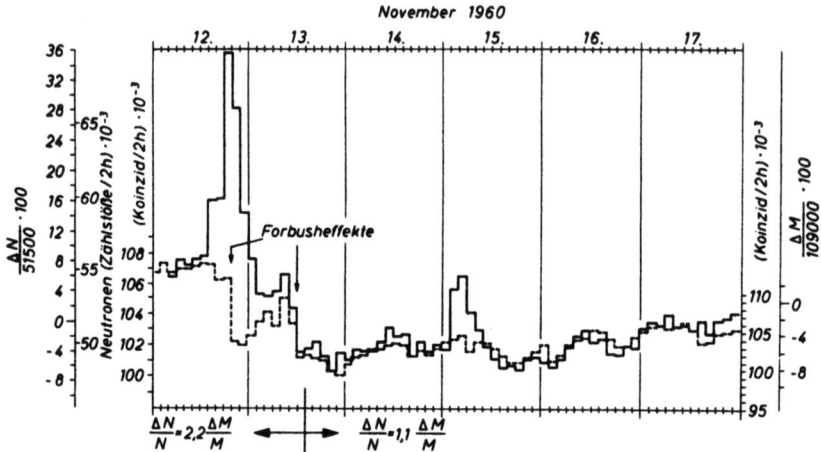

Abb. 39: Zweistündliche Zählraten der Mesonen- und Neutronenintensität vom 12. bis 17. November 1960. Für die relativen Änderungen der Mesonenintensität wurden zwei verschiedene Abbildungsmaßstäbe vor und nach 14 h am 13. November entsprechend den Regressionsgeraden an Abb. 37 und 38 gewählt. Man erkennt, daß in dieser Darstellung, mit Ausnahme der Zeiten, in denen solare Strahlung gemessen wurde, der Parallelgang der Änderungen beider Komponenten im Rahmen der Meßgenauigkeit befriedigend ist.

im Rahmen der Meßgenauigkeit befriedigend ist. Man kann daher auch die so verschobenen Mesonenkurven (gestrichelt) in die Neutronenkurve der galaktischen Strahlung umdeuten. Da die ausgezogene Kurve die Neutronenkurve der Gesamtstrahlung darstellt, folgt aus der Ordinatendifferenz beider Kurven der solare Anteil während der Eruptionseffekte. Auf diese Weise wurden auch die in den Abb. 34 und 35 dargestellten solaren Anteile ermittelt. Eine Analyse mit durchgehend gleichzeitig berücksichtigter isotroper und anisotroper Modulation zusammen ist an anderer Stelle veröffentlicht [35].

Tabelle V

Zweistündige Neutronenzählraten im November 1960 auf einen Barometerstand von 740 Torr korrigiert.
Die eingetragenen Zahlen geben die Abweichungen der Zählraten von dem Standardwert 51 500 Zählstösse/2 h in ‰ an.
Statistischer Fehler des 2-Stundenintervalls: ± 4,4 ‰.

Dat.	1	3	5	7	9	11	13	15	17	19	21	23	Tagesmittel
1	42	67	67	66	61	50	63	67	70	57	59	48	59,8
2	61	62	60	51	52	57	58	49	55	58	70	59	57,7
3	65	52	49	44	54	67	44	56	50	52	62	64	54,8
4	64	68	60	70	64	61	62	64	58	50	61	58	61,7
5	51	56	55	58	56	58	73	63	58	63	66	60	59,8
6	64	60	57	59	67	67	72	78	66	67	68	72	66,4
7	66	67	65	77	75	81	76	72	80	65	68	73	72,1
8	61	62	71	72	60	80	73	82	77	62	70	72	70,2
9	79	72	76	68	69	69	75	73	81	79	67	63	72,6
10	66	79	63	—	84	84	85	93	72	100	70	67	71,9
11	69	74	66	70	69	70	55	78	61	71	64	73	68,3
12	63	64	55	84	76	84	87	164	165	355	284	145	135,5
13	83	37	35	40	64	19	-41	-36	-27	-47	-66	-41	1,7
14	-51	-38	-44	-38	-27	-7	-12	-19	-47	-27	-34	-32	-31,3
15	-26	44	62	12	-11	-32	-49	-60	-58	-65	-46	-48	-23,1
16	-45	-60	-49	-33	-19	-13	-26	-22	-42	-44	-31	-34	-34,8
17	-8	0	-4	10	-5	-4	-11	2	-16	2	5	14	-1,3
18	1	12	4	-4	7	11	17	18	12	30	26	14	12,3
19	17	18	23	27	25	35	22	18	18	19	18	19	21,6
20	25	12	36	34	38	32	40	26	16	19	35	38	29,3
21	35	37	38	44	47	40	61	58	53	36	26	19	41,2
22	29	12	17	14	15	38	36	30	39	32	29	21	26,0
23	10	8	17	24	33	24	30	31	25	33	16	28	23,3
24	11	12	10	—	26	24	23	23	20	12	5	11	14,8
25	14	14	18	25	33	35	50	68	68	53	53	37	39,0
26	46	55	52	56	56	58	78	66	59	60	43	46	55,6
27	51	48	55	67	66	63	69	67	68	68	56	61	61,6
28	52	48	47	60	66	63	59	67	65	63	63	51	58,7
29	54	52	48	61	66	80	64	63	63	54	51	42	58,2
30	44	52	55	52	60	64	60	56	58	57	59	49	55,5

Tabelle VI

Viertelstündliche Zählrate des Neutronen Monitors (Duplex-Apparatur, Standard nach SIMPSON et al. [19]) Untersetzungsfaktor 10. Die wahren Zählraten sind also zehnmal so groß wie die tabellierten Daten.
Die Zählrate ist der Zeit am Ende des Intervalls, für das sie einen Mittelwert darstellt, zugeordnet.
Statistischer Fehler des Einzelintervalls: ± 1,2 %.

Uhrzeit GMT	Zählstöße 15 Min.	Uhrzeit GMT	Zählstöße 15 Min.	Uhrzeit GMT	Zählstöße 15 Min.	Uhrzeit GMT	Zählstöße 15 Min.
Datum: 12.11.60							
00.00	686						
00.15	669	13.15	684	01.15	685	14.15	607
00.30	669	13.30	711	01.30	678	14.30	611
00.45	670	13.45	707	01.45	670	14.45	620
01.00	694	14.00	702	02.00	678	15.00	611
01.15	668	14.15	718	02.15	644	15.15	616
01.30	668	14.30	741	02.30	678	15.30	618
01.45	691	14.45	750	02.45	666	15.45	624
02.00	679	15.00	745	03.00	667	16.00	615
02.15	678	15.15	752	03.15	661	16.15	600
02.30	686	15.30	753	03.30	677	16.30	624
02.45	662	15.45	758	03.45	656	16.45	615
03.00	686	16.00	782	04.00	659	17.00	619
03.15	688	16.15	744	04.15	653	17.15	630
03.30	701	16.30	751	04.30	673	17.30	627
03.45	673	16.45	750	04.45	647	17.45	625
04.00	675	17.00	752	05.00	657	18.00	634
04.15	666	17.15	741	05.15	663	18.15	611
04.30	675	17.30	745	05.30	659	18.30	581
04.45	676	17.45	772	05.45	664	18.45	607
05.00	695	18.00	740	06.00	677	19.00	628
05.15	696	18.15	764	06.15	652	19.15	630
05.3o	687	18.30	787	06.30	679	19.30	621
05.45	651	18.45	803	06.45	660	19.45	603
06.00	694	19.00	834	07.00	677	20.00	612
06.15	689	19.15	978	07.15	671	20.15	595
06.30	699	19.30	919	07.30	663	20.30	597
06.45	677	19.45	945	07.45	676	20.45	573
07.00	716	20.00	954	08.00	662	21.00	608
07.15	712	20.15	894	08.15	661	21.15	587
07.30	705	20.30	848	08.30	699	21.30	603
07.45	691	20.45	837	08.45	685	21.45	596
08.00	693	21.00	797	09.00	695	22.00	611
08.15	681	21.15	815	09.15	678	22.15	610
08.30	700	21.30	832	09.30	687	22.30	617
08.45	687	21.45	797	09.45	675	22.45	584
09.00	700	22.00	761	10.00	683	23.00	614
09.15	689	22.15	730	10.15	671	23.15	619
09.30	689	22.30	741	10.30	674	23.30	614
09.45	690	22.45	747	10.45	641	23.45	625
10.00	690	23.00	793	11.00	658	24.00	612
10.15	689	23.15	735	11.15	657		
10.30	685	23.30	723	11.30	639	Datum: 14.11.60	
10.45	705	23.45	700	11.45	671		
11.00	721	24.00	709	12.00	617	00.00	612
11.15	691			12.15	603	00.15	587
11.30	685	Datum: 13.11.60		12.30	625	00.30	600
11.45	701			12.45	623	00.45	623
12.00	695	00.00	709	13.00	624	01.00	604
12.15	682	00.15	693	13.15	620	01.15	605
12.30	709	00.30	744	13.30	599	01.30	589
12.45	697	00.45	710	13.45	606	01.45	614
13.00	694	01.00	705	14.00	585	02.00	624

Tabelle VI (Fortsetzung)

Uhrzeit GMT	Zählstöße 15 Min.	Uhrzeit GMT	Zählstöße 15 Min.	Uhrzeit GMT	Zählstöße 15 Min.	Uhrzeit GMT	Zählstöße 15 Min.
Datum: 14.11.60							
02.15	614	14.15	627	01.15	622	13.15	611
02.30	618	14.30	634	01.30	603	13.30	590
02.45	593	14.45	644	01.45	618	13.45	602
03.00	619	15.00	634	02.00	630	14.00	610
03.15	621	15.15	607	02.15	616	14.15	606
03.30	607	15.30	635	02.30	629	14.30	581
03.45	628	15.45	618	02.45	641	14.45	606
04.00	620	16.00	630	03.00	654	15.00	616
04.15	591	16.15	619	03.15	675	15.15	596
04.30	620	16.30	621	03.30	703	15.30	607
04.45	603	16.45	610	03.45	711	15.45	615
05.00	599	17.00	610	04.00	695	16.00	606
05.15	603	17.15	621	04.15	668	16.15	587
05.30	624	17.30	618	04.30	686	16.30	592
05.45	623	17.45	611	04.45	704	16.45	592
06.00	625	18.00	605	05.00	681	17.00	633
06.15	609	18.15	625	05.15	684	17.15	617
06.30	629	18.30	626	05.30	675	17.30	580
06.45	609	18.45	620	05.45	671	17.45	605
07.00	633	19.00	641	06.00	681	18.00	616
07.15	606	19.15	612	06.15	656	18.15	604
07.30	618	19.30	641	06.30	643	18.30	592
07.45	630	19.45	614	06.45	649	18.45	595
08.00	610	20.00	630	07.00	647	19.00	609
08.15	620	20.15	601	07.15	665	19.15	606
08.30	625	20.30	625	07.30	640	19.30	606
08.45	609	20.45	626	07.45	645	19.45	597
09.00	628	21.00	603	08.00	664	20.00	604
09.15	624	21.15	613	08.15	625	20.15	605
09.30	627	21.30	613	08.30	646	20.30	582
09.45	635	21.45	630	08.45	640	20.45	611
10.00	638	22.00	628	09.00	641	21.00	616
10.15	645	22.15	620	09.15	639	21.15	618
10.30	638	22.30	606	09.30	637	21.30	610
10.45	629	22.45	594	09.45	621	21.45	626
11.00	644	23.00	620	10.00	631	22.00	610
11.15	640	23.15	622	10.15	643	22.15	608
11.30	620	23.30	629	10.30	632	22.30	609
11.45	613	23.45	622	10.45	627	22.45	599
12.00	642	24.00	629	11.00	631	23.00	604
12.15	639			11.15	618	23.15	609
12.30	616	Datum: 15.11.60		11.30	608	23.30	614
12.45	636			11.45	628	23.45	609
13.00	643	00.00	629	12.00	597	24.00	616
13.15	644	00.15	607	12.15	622		
13.30	632	00.30	621	12.30	618		
13.45	633	00.45	635	12.45	631		
14.00	631	01.00	639	13.00	606		

Tabelle VII

Zweistündige Mesonenzählraten im November 1960 auf einen Barometerstand von 740 Torr korrigiert (ohne Korrektur für einheitliche Temperaturverteilung in der Atmosphäre). Die eingetragenen Zahlen geben die Abweichungen der Zählraten in ‰ von dem Standardwert 109 000 Koinzidenzen / 2 h an.
Statistischer Fehler des 2-Stundenintervalls: ± 1 ‰.

Dat.	1	3	5	7	9	11	13	15	17	19	21	23	Tages-mittel
1	-22	-27	-28	-30	-24	-26	-31	-36	-32	-34	-30	-37	-29,8
2	-39	-27	-30	-23	-23	-29	-26	-24	-18	-13	-20	-18	-24,2
3	-18	-16	-18	-24	-21	-21	-24	-26	-22	-21	-29	-25	-22,1
4	-24	-23	-19	-19	-24	-28	-24	-32	-32	-34	-31	-27	-26,4
5	-33	-29	-27	-31	-25	-22	-17	-21	-19	-25	-21	-22	-24,3
6	-16	-19	-16	-20	-19	-10	-14	- 5	-10	-10	- 6	- 5	-12,5
7	- 6	-12	00	- 2	04	00	01	- 5	- 1	00	05	02	- 1,2
8	- 3	- 7	- 2	- 4	06	02	03	05	08	00	04	04	1,3
9	00	- 2	- 1	- 1	- 3	02	- 3	01	01	- 2	01	01	- 0,5
10	- 4	-10	-13	- 7	01	- 7	- 6	- 2	-11	-12	-29	-25	-10,4
11	-23	-19	-20	-21	-16	-15	-21	-11	-28	-22	-23	-18	-19,8
12	-21	-15	-21	-19	-19	-17	-16	-17	-26	-25	-62	-63	-26,8
13	-58	-50	-45	-52	-35	-52	-71	-69	-72	-74	-85	-91	-62,8
14	-79	-71	-68	-61	-61	-56	-54	-55	-69	-62	-67	-60	-63,6
15	-52	-49	-45	-62	-52	-52	-60	-69	-75	-76	-70	-62	-60,3
16	-55	-74	-66	-54	-48	-46	-37	-39	-48	-57	-56	-44	-52,0
17	-38	-33	-30	-35	-33	-27	-37	-53	-51	-40	-39	-36	-37,7
18	-37	-33	-32	-39	-33	-35	-41	-32	-32	-27	-28	-34	-33,6
19	-27	-38	-33	-34	-36	-37	-39	-36	-44	-37	-38	-34	-36,1
20	-30	-27	-30	-32	-25	-37	-36	-31	-36	-42	-40	-38	-33,7
21	-38	-35	-42	-41	-34"	-	-24"	-14"	-22"	-31"	-38"	-30"	-
22	-34"	-39"	-42"	-38"	-41"	-24"	-34"	-39	-33	-33	-24	-35	-34,7
23	-39	-39	-39	-29	-27	-17	-17	-17	-19	-16	-17	-22	-24,8
24	-35	-32	-26	-24	-20	-25	-22	-21	-32	-30	-34	-39	-28,3
25	-31	-31	-30	-35	-31	-27	-22	-13	-13	-17	-24	-31	-25,4
26	-33	-24	-23	-24	-22	-14	-10	-14	- 9	-12	-13	-16	-17,8
27	-18	-17	-18	-10	- 8	- 7	- 9	- 9	-10	- 7	- 6	02	- 9,8
28	00	-12	- 4	- 1	- 2	02	04	006	11	07	09	04	2,0
29	00	02	- 2	04	12	10	09	15	08	06	05	04	66,1
30	04	02	07	06	14	07	05	07	11	- 1	05	-	-

" bedeutet, daß der Wert nur mit einem der beiden unabhängigen Geräte gemessen wurde, während im allgemeinen der Mittelwert von beiden Einzelmessungen angegeben ist.

Tabelle VIII

Summe der Zählraten der beiden Dreifach-Koinzidenz-Teleskope. Kubus 42 x 42 x 42 cm^3. Die in Koinzidenzen/Minute angegebenen Zählraten beziehen sich auf Zeitintervalle, in denen jeweils 10 000 Koinzidenzen gezählt wurden.
Die Zeiten in der ersten Spalte bezeichnen das Ende der Intervalle. Statistischer Fehler des Einzelintervalls: ± 1 %.

	Uhrzeit GMT	Koinzid. Min.	Uhrzeit GMT	Koinzid. Min.	Uhrzeit GMT	Koin. zid. Min.	Uhrzeit GMT	Koin. zid. Min.
12. XI. 60	04.00	---	15.07	887	02.00	---	13.11	832
	04.11	878	19	888	02.12	851	23	827
	23	871	30	881	23	850	35	811
	34	882	41	900	35	838	48	813
	45	866	53	876	47	849	14.00	808
	57	893	16.00	---	58	856	14.12	824
	05.08	874	16.11	879	03.10	840	24	828
	19	879	23	882	22	848	36	836
	30	906	34	885	33	854	48	829
	42	870	45	893	45	868	15.00	828
	53	876	57	860	57	878	15.12	821
	06.00	---	17.08	868	04.00	---	24	840
	06.11	883	20	864	04.11	865	36	831
	22	880	31	866	23	870	48	814
	34	879	43	883	35	846	16.00	826
	45	886	54	874	47	860	16.12	842
	56	883	18.00	---	58	856	24	832
	07.07	888	18.12	862	05.09	855	36	828
	19	879	23	874	21	858	48	826
	30	877	35	875	33	846	17.00	818
	42	887	46	876	45	856	17.12	836
	53	867	57	890	56	865	24	826
	08.00	---	19.09	861	06.00	---	36	816
	08.11	877	20	864	06.12	840	49	814
	23	895	32	872	24	861	18.00	---
	34	885	43	861	35	840	18.12	830
	45	870	55	871	47	846	24	813
	57	874	20.00	---	59	848	36	816
	09.08	886	20.12	839	07.10	859	49	819
	19	896	24	844	22	847	19.01	826
	31	881	36	838	34	849	13	821
	42	882	47	850	46	850	25	837
	53	887	59	852	57	852	37	812
	10.00	---	21.11	829	08.00	---	50	832
	10.11	876	22	842	08.11	863	20.00	---
	22	890	34	843	23	847	20.12	824
	34	883	46	845	35	855	25	806
	45	883	58	836	46	864	37	817
	56	880	22.00	---	58	860	49	822
	11.07	895	22.12	832	09.09	865	21.01	803
	18	884	24	833	21	876	14	809
	29	885	36	833	33	864	27	799
	41	886	48	837	44	864	38	811
	52	878	23.00	843	56	867	51	825
	12.00	---	23.12	831	10.00	---	22.00	---
	12.11	881	23	862	10.12	870	22.12	792
	23	886	35	841	23	855	25	807
	34	883	47	857	35	837	38	793
	45	888	59	839	47	840	50	816
	56	882			59	846	23.02	809
	13.08	885	00.00	---	11.11	835	14	816
	19	878	13. XI. 60 00.12	832	23	843	27	816
	30	895	24	826	35	842	39	818
	42	880	35	863	46	850	52	798
	53	882	47	855	58	849		
	14.00	---	59	845	12.00	---		
	14.11	893	01.11	845	12.12	841		
	22	882	23	831	23	853		
	34	873	34	836	35	842		
	45	870	46	842	47	821		
	56	885	58	853	59	839		

Tabelle VIII (Fortsetzung)

Uhrzeit GMT	Koinzid. Min.	Uhrzeit GMT	Koinzid. Min.	Uhrzeit GMT	Koinzid. Min.	Uhrzeit GMT	Koinzid. Min.
14.XI.60 00.00	---	13.11	827	01.11	840	13.11	833
00.12	822	23	852	23	836	23	841
24	817	35	846	35	840	35	827
36	824	47	843	47	841	47	830
49	808	59	844	59	858	59	841
01.00	810	14.00	---	02.00	---	14.00	---
01.13	818	14.12	841	02.12	845	14.12	837
26	814	24	832	24	845	24	820
38	822	36	842	35	835	36	831
50	828	48	836	48	849	48	825
02.00	---	15.00	854	03.00	844	15.00	838
02.12	832	15.11	841	03.11	852	15.12	829
24	822	23	842	23	853	24	856
36	826	35	843	35	834	36	844
48	829	47	827	46	859	48	845
03.00	810	59	853	59	850	59	846
03.13	823	16.00	---	04.00	---	16.00	---
25	823	16.12	842	04.12	859	16.12	823
37	845	24	829	23	859	24	830
49	814	36	838	35	853	36	843
04.00	---	48	841	47	860	48	831
04.12	823	17.00	812	58	845	17.00	830
24	837	17.12	844	05.10	849	17.12	822
36	827	24	829	22	845	24	837
48	827	36	819	34	861	36	846
05.00	819	48	823	45	825	48	825
05.13	815	18.00	---	57	834	18.00	---
25	815	18.12	816	06.00	---	18.12	830
37	814	24	828	06.12	848	24	824
49	833	36	847	24	813	36	839
06.05	---	48	837	36	836	48	826
06.17	845	19.00	832	48	838	19.00	835
29	840	19.12	834	07.00	849	19.12	849
41	830	24	830	07.12	837	24	841
53	815	36	836	24	854	36	827
07.05	840	48	850	36	841	48	818
17	821	20.00	834	48	842	20.00	---
29	839	20.12	817	58	849	20.12	832
41	832	24	839	08.00	---	24	829
53	832	36	830	08.12	854	36	833
08.00	---	38	819	24	844	48	834
08.12	821	21.00	824	36	841	21.00	839
24	837	21.13	823	47	845	21.12	851
36	831	25	834	59	856	24	836
48	825	37	824	09.10	852	35	844
09.00	828	49	848	22	840	47	841
09.12	840	22.00	---	34	847	59	840
24	815	22.12	832	46	840	22.00	---
36	829	24	838	58	839	22.12	845
48	835	36	829	10.00	---	24	841
10.00	---	48	843	10.11	860	35	867
10.12	823	23.00	824	23	860	47	844
24	838	23.12	828	35	838	59	837
36	849	24	828	47	857	23.11	846
48	841	36	848	59	833	22	874
11.00	836	48	849	11.11	859	34	855
11.12	825	00.00	841	23	830	46	838
24	837			34	845	58	841
36	835	15.XI.60 00.00	---	46	845		
48	838	00.12	853	58	842		
12.00	---	24	843	12.00	---		
12.12	841	36	838	12.12	842		
24	852	48	840	24	858		
35	854	59	857	35	845		
47	844			47	862		
59	831			59	838		

Anhang zu 4.4.

Die energiereichen, elektrisch geladenen Atomkerne der Kosmischen Strahlung, in der Hauptsache Protonen ($\approx 90\%$), α-Teilchen ($\approx 9\%$) und rd. 1% schwerere Kerne werden bereits in den hohen Atmosphärenschichten oberhalb 15 km Höhe oder in einer Luftschicht von rd. 120 g/cm^2 durch Ionisation abgebremst oder durch Auslösung von Kernwechselwirkungen stark absorbiert. Die Wahrscheinlichkeit, ein Primärteilchen noch am Erdboden zu registrieren, ist vernachlässigbar gering.

Man muß sich daher an Bodenstationen mit der Registrierung von Sekundärteilchen begnügen, die in der Atmosphäre erzeugt werden und die infolge besonderer Eigenschaften noch einen Teil der Primärenergie bis zum Erdboden zu transportieren vermögen. Das sind:

a) die μ-Mesonen
b) die Neutronen

Die positiv und negativ geladenen μ-Mesonen erreichen die Erdoberfläche von ihrem Entstehungsort aus meistens auf direktem Wege, weil sie mit Atomkernen praktisch nicht reagieren, und weil sie auch keine nennenswerten Bremsstrahlungsverluste erleiden. Ihre Energie wird im wesentlichen nur durch Ionisation verbraucht. Ein μ-Meson, das gerade die ganze Atmosphäre durchdringen kann, muß mindestens eine Energie von 2 GeV aufweisen (atmosphärische Energieschwelle). Etwas darüber muß die Mindestenergie eines Primärteilchens liegen, das noch indirekt, durch die μ-Mesonen am Erdboden nachgewiesen werden kann. Tatsächlich ist aber der Wirkungsquerschnitt für die Mesonenerzeugung in der Nähe dieser unteren Energiegrenze noch sehr gering, steigt aber mit zunehmender Energie steil an. Eine praktische untere Grenze für den Teil des primären Energiespektrums, der sich über die μ-Mesonen manifestiert, liegt bei etwa 5 GeV, der Schwerpunkt, bezogen auf die Energiespektren der normalen (nicht solaren) Kosmischen Strahlung, bei etwa 15 GeV.

Die Neutronen erreichen die Erdoberfläche über eine mehrgliedrige Kette von Kernreaktionen. Sie sind gegenüber den (ebenfalls kernaktiven) Protonen dadurch begünstigt, daß sie keine quasikontinuierlichen Energieverluste durch Ionisation erleiden. Im Gegensatz zu den μ-Mesonen gibt es daher für die Neutronen keine eindeutige Zuordnung von Energie und Reichweite. Auch Neutronen, die von Primärteilchen geringer Energie (bis herunter zu 0,5 GeV) ausgelöst werden, können den Erdboden im Prinzip noch in merklicher Zahl erreichen, wenn nur der primäre Teilchenfluß genügend hoch ist.

Der Schwerpunkt des Energiebereiches der galaktischen Kosmischen Strahlung, von dem hauptsächlich Neutronen registriert werden, liegt bei 5 GeV. Bei dem im allgemeinen wesentlich steileren Energiespektrum solarer Korpuskeln rückt er zu niedrigeren Primärenergien, praktisch bis herunter zur geomagnetischen Abschneideenergie, soweit diese 0,5 GeV übersteigt.

Die geomagnetische Abschneideenergie bezeichnet die Energie, die ein Primärteilchen (Proton, α-Teilchen usf.) mindestens aufweisen muß, um durch das Magnetfeld in eine bestimmte geomagnetische Breite zu gelangen. Diese Energien wurden nach der Störmerschen Theorie für ein Dipolfeld theoretisch berechnet. Da es sich aber gezeigt hat, daß die Abweichungen vom Dipolfeld noch von merklichem Einfluß sind, benutzt man neuerdings halbempirische Grenzenergien, die von QUENBY und WEBBER [18] ermittelt wurden und ordnet den verschiedenen Registrierstationen "effektive" geomagnetische Breiten nach Q. und W. zu. Eine sehr nützliche Zusammenstellung dieser Daten findet man in dem Bericht von COGGER [18].

In besonderen Fällen, z.B. am 12.11.60 (4.4.2) oder am 15.7.1959 [34] kann das Erdmagnetfeld durch die Fronten der Plasmaströme von der Sonne so stark gestört werden, daß die Energieschwelle absinkt und auch Teilchen mit niedrigeren Energien als bei ungestörtem Feld eindringen können.

Der Nutzen der gleichzeitigen Registrierungen von Neutronen und μ-Mesonen liegt in der Erfassung zweier verschiedener Energiebereiche der Primärstrahlung, die durch verschiedene Einflüsse geprägt sein können. Die Verschiedenartigkeit der Schwankungen beider Komponenten nach Abb. 33 ist ein typisches Beispiel.

Zusammenfassung

Der Sturm vom 12./14. November 1960 weist eine ganze Reihe von interessanten Details auf. Zweck dieser Zusammenstellung ist es, den Ablauf der Erscheinungen im Raum Göttingen – Lindau möglichst genau zu beschreiben. Von Deutungsversuchen, die über das Bekannte hinausgehen, wird bewußt abgesehen. Diese können wohl nur auf Grund einer weltweiten Analyse sämtlicher Beobachtungen mit Erfolg unternommen werden. Hierzu soll diese Veröffentlichung einen Beitrag liefern.

Besonderer Dank gebührt den Kollegen, welche die einzelnen hier verarbeiteten Beiträge vorbereiteten, sowie allen Mitarbeitern, die beim Entwurf, beim Bau und der Betreuung der Registriergeräte mitwirkten.

Literatur

[1] Map of the sun. Hersg. v. Fraunhofer-Institut, Freiburg/Br.

[2] CRPL-F-Serie Part B Solar-Geophysical Data. Hrsg. v. U.S. Department of Commerce, National Bureau of Standards, Central Radio Propagation Laboratory, Boulder, Colorado

[3] Ionosphären-Bericht. Hrsg. v. Deutschen Wetterdienst und der Arbeitsgemeinschaft Ionosphäre (erscheint zehntätig)

[4] J. BARTELS, Internat. Union of Geodesy and Geophysics, Assoc. Terr. Magnetism and Electr., Bulletin Nr. 12 b (for 1948) 82 - 96; wieder abgedruckt in IAGA Bulletin Nr. 12 l, (for 1954) 88 - 113, North Holland Publ. Comp. Amsterdam

[5] J. BARTELS, The geomagnetic measures for the time-variations of solar corpuscular radiation, described for use in correlation studies in other geophysical fields. Annals of the IGY $\underline{4}$, 209 - 236, London 1957

[6] E. R. NIBLETT, Canad. J. Physics $\underline{39}$, 619 - 622 (1961) Contrib. Dominion Obs. Ottawa $\underline{5}$, No. 8 (1961)

[7] J. BARTELS und G. FANSELAU, Der erdmagnetische Sturm vom 16. April 1938. Naturwiss. $\underline{26}$, 296 - 298, 1938. Vergl. auch die Wiedergabe in CHAPMAN-BARTELS, Geomagnetism pp. 329 - 330

[8] J. BARTELS und N. FUKUSHIMA, Ein Q-Index für die erdmagnetische Aktivität in viertelstündlichen Intervallen (Beobachtungen über geophysikalische Wirkungen der Sonne und des Mondes, Mitteilung Nr. 2) Abhandl. Akad. Wiss. Göttingen, Math.-Phys. Kl., Sonderheft Nr. 2, 36 Seiten

[9] J. BARTELS, Remarks on geomagnetic disturbances and related phenomena. Proc. COSPAR Symposium Florence. North Holland Publ. Comp. 1961 (im Druck)

[10] H. SCHWENTEK, Bestimmung eines Kennwertes für die Absorption der Ionosphäre aus einer automatisch-statistischen Analyse von Feldstärkeregistrierungen. A.E.Ü. 12, 301 (1958)

[11] W. DIEMINGER, Über die Wirkung von Mögel-Dellinger-Effekten in der E-Schicht, Ergebnisse der Ionosphärentagung Kleinheubach 1951, hers. v. Fernmeldetechn. Zentralamt IVE

[12] K. BIBL, L' ionisation de la couche E, sa mesure et sa relation avec les éruptions solaires. Ann. Géophys. 7, 208 (1951)

[13] W. DIEMINGER, K.H. GEISWEID et. al., Solare und terrestrische Beobachtungen während des Mögel-Dellinger-Effektes (SID) am 19. November 1949, J.A.T.P. 1, 42 (1950)

[14] A.H. SHAPLEY und W.O. ROBERTS, The Great Solar Regions of 9 - 24 February 1956, and Their Terrestrial Effects, NBS Report 5062 (1957)

[15] C.M. MINNIS and G.H. BAZZARD, Solar-Flare Effect in the F2-Layer of the Ionosphere, Nature 181, 690 (1958)

[16] W. DIEMINGER, K.H. GEISWEID und H.G. MÖLLER, Echolotungen mit veränderlicher Frequenz bei schrägem Einfall. NTZ 8, 578 (1955)

[17] H.G. MÖLLER, Impulsübertragungsversuche mit schräger Inzidenz und veränderlicher Frequenz über Entfernungen von 1000 und 2000 km. Dissertation Hannover (1961)

[18] I. I. QUENBY and W. R. WEBBER, Phil. Mag. 4, 90 (1959) vgl. auch
L. L. COGGER, Magnetic cut-off rigidities according to the formulations of P. ROTHWELL and of I.I. QUENBY and W.R. WEBBER. - Atomic Energy of Canada, Report 1104 (1960), Chalk River, Ontario

[19] I.A. SIMPSON, W. FONGER and S.B. TREIMAN, Physical Review 90, 934 (1953)

[20] Bulletin d'Information No. 4 du Comité Spécial de l'Année Géophysique Internationale, p. 158 (1955)

[21] vgl. z. B. A. EHMERT, Die Intensitätsschwankungen der Kosmischen Strahlung
Vorträge und Berichte der gemeinsamen Tagung der Arbeitsgemeinschaft Ionosphäre des Deutschen U. R. S. I. -Sonderausschusses und der Fachgruppe Wellenausbreitung der N. I. G., Kleinheubach 1959
und auch A. EHMERT, On the Correction of µ-Meson Intensities for Atmospheric Temperatures, Proceedings of the Moscow Cosmic Ray Conference 1959, $\underline{IV}$., 25 - 29 (1960)

[22] R. G. ATHAY, The Cosmic Ray Flares of July 1959 and November 1960 and some Comments on Physical Properties and Characteristics of Flares. Space Research II (1961)

[23] E. DYRING, Cosmic Ray Fluctuations in the Nucleonic and Meson Components in Uppsala during November 10 - 22, 1960. - Uppsala University, Institute of Physics, Technical Note No. 9, Contract No. A F 61 (514) - 1312, May 1961

[24] I. F. STELJES, H. CARMICHAEL and K. G. McCRACKEN,
Characteristics and Fine Structure of the Cosmic-Ray Fluctuations in November 1960. - J. Geoph. Res. $\underline{66}$, 1363 - 1377 (1960)

[25] T. MATHEWS, T. THAMBYAPILLAI and W. R. WEBBER,
A Note on the Unusual Variations of Cosmic Ray Intensity during the Period 10th to 16th November 1960. - Wir danken den Autoren für die freundliche Zusendung eines Reprints, 1961.

[26] Wir danken Herrn Prof. SIMPSON (Institute for Nuclear Studies, University of Chicago, Chicago, Illinois) für die im Austausch übermittelten Daten der Chicagoer Registrierungen.

[27] Space Research II, Part VII, Special Events. Beiträge zahlreicher Autoren

[28] Proceedings of the International Conference on Cosmic Rays and the Earth Storm, Kyoto, 4-15 September 1961. - Journal of the Physical Society of Japan, Vol. $\underline{17}$, Suppl. A (1962)

[29] I. G. ROEDERER, I. R. MANZANO, O. R. SANTOCHI, N. NERURKOR, O. TRONCOSO, R. A. R. PALMEIRA and G. SCHWACHHEIM,

Cosmic Ray Modulating Fields in Interplanetary Space during the November 1960 Disturbances. - Space Research II, North-Holland Publ. Comp., Amsterdam (1961), p. 754 - 765.
Vgl. auch dieselben Autoren: Cosmic Ray Phenomena during the November 1960 Solar Disturbances. - J. Geoph. Res. 66, 1603 - 1610 (1961).

[30] A. EHMERT und G. PFOTZER,

Ein neuer Ausbruch solarer Ultrastrahlung. - Z. f. Naturforschung 11a 322 - 324 (1956).

[31] A. EHMERT, Electromagnetic Phenomena in Cosmical Physics. - Symposium Nr. 6 der Internat. Astron. Union, Paper 42, p. 404 (1958), Cambridge University Press.

[32] U. A. POMERANTZ, S. P. DUGGAL and K. NAGASHIMA,

The Unusual Cosmic Ray Intensity Increases on November 12, 1960. Space Research II, North-Holland Publ. Comp. 1961, p. 788 - 802.

[33] A. EHMERT, Die Kosmische Strahlung in der Geophysik. Erschienen in: Kernstrahlung in der Geophysik, herausgegeben von ISRAEL und KREBS Springer-Verlag, Berlin - Göttingen - Heidelberg (1962).
Vgl. auch A. EHMERT, Physiker Tagung, Wiesbaden 1960, S. 13, Physik-Verlag (1961).

[34] A. EHMERT, H. ERBE, G. PFOTZER, C. D. ANGER und R. R. BROWN,

Observations of Solar Flare Radiation and Modulation Effects at Balloon Altitudes, July 1959. - J. Geoph. Res. 65, 2685 - 2694 (1960).

[35] A. EHMERT, H. ERBE und G. PFOTZER,

Peculiarities of the Outburst of Solar High Energy Particles on November 1960. - Space Research II, North-Holland Publ. Comp. (1961), 778-786.

[36] A. EHMERT und A. SITTKUS,

Ein ortszeitlich weltweiter Tagesgang der Kosmischen Ultrastrahlung bei geringen erdmagnetischen Störungen durch Korpuskeln. - Z. f. Naturf. 6a, 618-622 (1951).

Verzeichnis der Mitteilungen aus dem Max-Planck-Institut für Physik der Stratosphäre

---

Nr. 1/1953 Über den Beitrag der von μ - Mesonen angestoßenen Elektronen zu den Ultrastrahlungsschauern unter Blei. G. Pfotzer

Nr. 2/1954 Ein Zählrohrkoinzidenzgerät zur Registrierung der kosmischen Ultrastrahlung. A. Ehmert

Eine einfache Methode zur Einstellung und Fixierung des Expansionsverhältnisses von Nebelkammern. G. Pfotzer

Nr. 3/1954 Optische Interferenzen an dünnen, bei -190°C kondensierten Eisschichten. Erich Regener (vergriffen)

Nr. 4/1955 Über die Messung der Temperatur des atmosphärischen Ozons mit Hilfe der Huggins-Banden. H. Zschörner und H. K. Paetzold

Nr. 5/1956 Ein neuer Ausbruch solarer Ultrastrahlung am 23. Februar 1956. A. Ehmert und G. Pfotzer, vergriffen (erschienen Z. Naturforschung 11a, 322, 1956)

Nr. 6/1956 Das Abklingen der solaren Ultrastrahlung beim Ausbruch am 23. Februar 1956 und die geomagnetischen Einfallsbedingungen. A. Ehmert und G. Pfotzer

Nr. 7/1956 Die Impulsverteilung der solaren Ultrastrahlung in der Abklingphase des Strahlungseinbruches am 23. Februar 1956. G. Pfotzer

Nr. 8/1956 Die atmosphärischen Störungen und ihre Anwendung zur Untersuchung der unteren Ionosphäre. K. Revellio

Nr. 9/1956 Solare Ultrastrahlung als Sonde für das Magnetfeld der Erde in große Entfernung. G. Pfotzer

*

Die vorstehenden Hefte können beim Max-Planck-Institut für Aeronomie, 3411 Lindau angefordert werden.

Mitteilungen aus dem Max-Planck-Institut für Aeronomie

Nr. 1 (S) Waibel: Messungen von Primärteilchen der kosmischen Strahlung.

Nr. 2 (S) Erbe: Auswirkung der Variationen der primären kosmischen Strahlung auf die Mesonen- und Nukleonenkomponente am Erdboden.

Nr. 3 (I) Kohl: Bewegung der F-Schicht der Ionosphäre bei erdmagnetischen Bai-Störungen.

Nr. 4 (I) Becker: Tables of ordinary and extraordinary refractive indices, group refractive indices and $h'_{o,x}(f)$-curves for standard ionospheric layer models.

Nr. 5 (S) Schröpl: Über eine Neubestimmung des Absorptionskoeffizienten von Ozon im Ultraviolett bei kleinen Konzentrationen.

Nr. 6 (S) Erbe: Ergebnisse der Ballonaufstiege zur Messung der kosmischen Strahlung in Weissenau und Lindau.

Nr. 7 (S) Meyer: Elektromagnetische Induktion eines vertikalen magnetischen Dipols über einem leitenden homogenen Halbraum.

Nr. 9 A/B (S) Pfotzer, Ehmert, and Keppler: Time Pattern of Ionizing Radiation in Balloon Altitudes in High Latitudes.

Veröffentlichungen in Vorbereitung

(I) Dieminger und Mitarb.: Die Ionosonde des Max-Planck-Instituts für Aeronomie.

(I) Umlauft: Die Absorptionsmeß-Sonde des Max-Planck-Instituts für Aeronomie.

(I) Schwentek: Druckzählgerät zur laufenden Registrierung halbstündiger Häufigkeitsverteilungen von Feldstärken.

(S) Ehmert u. Revellio: Tafeln zur graphischen Auswertung von Wellenformen mit mehrfach reflektierten Strahlungsimpulsen von Blitzen auf Reflexionshöhe und Blitzentfernung.

(S) Ehmert, Erbe, Pfotzer: Beschreibung der Anlagen des Instituts zur Registrierung der Neutronen und der Mesonen im Geophysikalischen Jahr 1957/58.

If you have any concerns about our products,
you can contact us on
ProductSafety@springernature.com

In case Publisher is established outside the EU,
the EU authorized representative is:
**Springer Nature Customer Service Center GmbH
Europaplatz 3, 69115 Heidelberg, Germany**

Printed by Libri Plureos GmbH
in Hamburg, Germany